オームの論文でたどる
# 電圧概念の形成過程
――― 理科教師や理工系学生のために ―――

G.S.オーム ◆ 著
三星孝輝 ◆ 訳・解説

大学教育出版

## まえがき

　本書は，中学校理科における教材研究から期せずして生まれたものであり，「理科教師や電磁気学を学ぶ理工系学生などに役立てていただきたい」という思いから出版することを決意した．

　本書を出版することになった経緯は以下の通りである．

　中学校理科において，電圧概念は目に見えないだけに生徒にとっては特別難しい概念であり，未だに成功した授業実践例が見あたらない．そこで，こういう現状を以前より何とかしたいと思っていた．特に，電圧の測定で，「電圧は電圧計を2点間に並列につないで行う」と教科書に説明があるが，電圧の説明がきちんとなされないまま，生徒は暗黙のうちに行っているのが現状である．「電流は電流計を回路の途中に直列に入れる」のに，電圧計はなぜ並列であるのか？　私は，以前，このことを生徒に納得がいくように説明する事に苦慮していた．そうした中で，分かりやすさから，電圧を次のように安易に説明していた．それは，電圧という言葉から，心臓から血液を送り出す血圧をイメージさせるものであった（以前，生徒から，「電池は心臓（ポンプ）のようなものであり，電流は血液のようなもので，抵抗は血管の中のコレステロールのようなもの」とするアナロジーが出たことがあったことから）．「血液循環モデル」と名づけた．しかし，電圧が血圧と同じようなものであるとする考えは，まったくの間違いであり，当然電圧計を並列に接続する理由も見い出せない．電圧とは，「電位差」といわれるように，2点間の差という捉え方が大切なのであり，重力場の中でのポテンシャルの差（高低差）のようなものである．この捉え方の中に，「電圧計はなぜ回路に並列につなぐのか？」の理由が潜んでいるように思われた．

上のような思いから,「電圧（電位差）概念を生徒が無理なく捉えられるようにするにはどのようにしたらよいのか？」の手がかりを得るために,歴史の上での電圧概念の形成過程を調べてみることにした．まず,日本語で読める関係資料を調べた．オームの実験的論文2編（第1・第2論文）は,邦訳があった．しかし,この論文は実験についての論文で,オームの抱いていた電圧概念が分かる箇所はほとんどなかった．また,他の科学史関係の資料でも,電圧概念について歴史的に詳しく述べているものはなかった．そこで,オームの理論的論文（主著とその前にでた第3論文）にはそのことが書いてあるかもしれないと思い,その翻訳に取りかかった．こうして,仕方なくオームの独語の原論文を読まなければならない羽目になった．取り組んでみると,オームの独文は難解で,全部翻訳し終えるまでに約2年かかってしまった．今となっては,無謀な挑戦をしたものだと思っている．こうして,オーム自身の抱いていた電圧概念はある程度分かったが,現代の電圧概念とは少し違うものであった．今度は,オーム以降の現代の電圧概念の形成過程も調べることにした．これについては,コールラウッシュやキルヒホッフの論文を読んである程度分かった．

　以上のようにして,電圧概念の形成過程については不十分ではあるが,ある程度大雑把な流れを把握することができた．ここまで来るのに,4～5年を要した．長い教材研究を終えてみると,オームの主著をはじめ,いくつかの主要な論文を訳し終えていた．当初は,出版をするつもりで翻訳を始めたわけではなかったが,「オームの法則はだれでも知っている．そのオームの主著の翻訳については電気理論のルーツでありながら今までに邦訳がなかったので意義あることだ」と徳島科学史研究会の方などより出版を勧められ,きちんとしたものができるのか不安ではあったが,本書を出版することを決意した．

　本書では,主著の理解に必要なオームの第3論文の一部と主著『ガルヴァーニ回路の数学的取り扱い』（200ページ分）の翻訳の他に,「論文でたどる電圧概念形成過程の概要」（解説）の中でコールラウッシュやキルヒホッフの論文の要点も述べた（「徳島科学史雑誌」に3回に分けて投稿したものを多少手直しした）．読者は,まず,この「概要」を読んで大筋を理解してから,翻訳を読むと理解しやすいと思う．なお,翻訳については,不備な点が多々あろうかと思

われるが，オームの思考過程を大雑把にとらえてほしい．

　本書によって，オームの法則に関わる理論的構築過程を理解できれば，この過程を参考にして電圧概念形成のための単元構成や教材開発（モデル）について，今までとは違った有効なものを見いだすことができるものと期待している．私は，このことについて授業実践の試みをしたがまだ十分とは言い難い（あとがき参照）．今後，さらに検討していきたいと思っている．

　最後に，電圧概念の形成過程を調べるのに際して，大学の先生方から資料の入手など貴重なアドバイスを頂いた．このアドバイスのお陰で教材研究を前進させることができたことを感謝申し上げたい．また，当初出版するつもりがなかった私の日本語にならない翻訳に目を通し，適切なアドバイスをしてくださった語学スクールの先生にも大変お世話になった．さらに，本書の出版に当たっては，大学教育出版社長の佐藤守氏より多くのアドバイスを得た．ここにあらためてお礼申し上げたい．

2007 年 7 月 30 日

三星孝輝

## 凡　例

① 第1部（解説）の太字は，解説者による強調語句．
② 第2部（翻訳）の（　）は原文のまま，〔　〕は解説者の補足説明．また，太字は原文ではイタリック体部分．
③ 第2部の翻訳において，ページ数を記入しているのは，原文に当たる時の便や補足説明する時の便を考えてのことである．

オームの論文でたどる電圧概念の形成過程
―理科教師や理工系学生のために―

# 目　次

まえがき ……………………………………………………………… i

# 第1部　論文でたどる電圧概念形成過程の概要（解説）……… 1

I　オームの抱いていた電圧概念―実験的・理論的論文より― ……… 3
 1.　オーム当時の電気学の現状　3
 2.　オームの実験的研究（第1，第2論文）　5
 3.　オームの法則を実験的に導いた第2論文の実験内容　7
 4.　オームの理論的研究（第3論文）　10
 5.　オームの主著『ガルヴァーニ回路の数学的取り扱い』　13

II　オーム理論の仮説であるガルヴァーニ回路における検電器力分布のコールラウッシュによる直接的検証実験 …………………………… 27

III　検電器力，起電力，静電ポテンシャルとの関連性を示すコールラウッシュの実験およびキルヒホッフの理論的証明 ………………… 38
 1.　コールラウッシュの実験的論文　39
 2.　キルヒホッフの理論的論文　41

IV　総　　括 …………………………………………………………… 45

付　記　電気回路における検電器力分布の簡易（定性的）再現実験の試み … 47

# 第2部　オーム第3論文・主著（翻訳）……………………… 51

I　第3論文「ガルヴァーニ電気力によってもたらされた検電器的な現象についての試論」………………………………………………………… 53

II　オーム主著『ガルヴァーニ回路の数学的取り扱い』……………… *61*

　　　序　言　*61*

　　　序　論　*62*

　　　本　論　ガルヴァーニ回路　*101*

あとがき―電圧概念を正しく教えるために― ……………………… *159*

# 第 1 部

論文でたどる電圧概念形成過程の概要(解説)

# I

# オームの抱いていた電圧概念
—— 実験的・理論的論文より ——

## 1. オーム当時の電気学の現状

　オームの時代には，当然ながら現代のような電圧概念や抵抗概念はまだ十分明確ではなかった．ただし，電流については，1820年にアンペールがその論文の中で電気の流れであることを述べていた．

　電気の研究は，まず，古代ギリシャ時代の静電気の研究に始まり，18世紀に至りその実験的・理論的研究が盛んに行われ発展を遂げた．**電気量**の測定は，引力・斥力の大きさを基本的尺度としていた．また，**電気張力（電気強度）**は帯電球によるスパークに起源を持ち，この放電のおこる距離とその際の衝撃とがこの尺度であった．そして，この大きさは，導体表面での電気流体の密度の大きさなどによるものと考えらていた．これらの電気量や電気張力の測定は，箔検電器が発明されてからはこれを使って行われた．すなわち，この箔の開く度合いが大きいほど電気量が多く，したがって電気張力も大きいと考えられた[1]．このように，当時の研究では電気量（ショックの大きさを決める：現代の電流につながる）と電気張力（スパークの起こる距離を決める：現代の電圧につながる）とが未分化であった．1773年，キャベンディッシュは「多数の蓄電瓶を皆同じ程度（検電器が等しいふれになるまで）に充電し，それらを並列につないでみた．ショックは蓄電瓶の数によって変わったので，ショックが電気量に関係することを知った．さらに，ある同形の蓄電瓶を多数用意し，まずその1つについて，一定の火花間隔によって電気張力を記録し，同時にそれが与えるショックも覚えておく．次に，同じほどに2個の瓶を充電し，それを

充電していない 2 個の瓶につないで電気を分ける．そうして，同じように平均した 4 個の瓶を一緒（並列）にして触れてみる．その結果は，放電間隔としては 2 分の 1 に下がったにもかかわらず，ショックは 1 つの場合より大きかったのである．こうして，ショックは火花間隔よりむしろ電気量に大きな関係を持つことを知った．彼は火花間隔で示せる量は，**電気が逃れようと努力する力**（電気的緊張状態の力：張力と同じで電圧につながる），つまり force であって，intensity とも potential とも言いうるであろうと思った．検電器の目盛りに現れる量は，電気量そのもではなく，蓄電瓶の force であるということも推察されていった（現代流には，電圧＝電気量÷蓄電瓶の静電容量）」．[2]

その後，1800 年にヴォルタが電池を発明し，持続する電気流体（定常電流）が得られるようになると，電池の力を化学作用に帰す説（化学説）と異種金属の接触に帰す説（接触説）との論争が起こった．しかし，いずれの説でも起電力（励起力 erregende Kraft）という力が，開いた電池（導線でつながないそのままの電池）の端子に現れて電気を引き起こし，閉じた電池の電流を維持すると考えていた．また，ヴォルタはこの起電力は，正と負の電気を**分離させる**と言った．そして，その分離の度合いは，開いた回路の両端における正と負の電気量を箔検電器で測定することによって調べられた．これらの電気量の代数差は，電池がアースされているかどうかに関わりなくいつも一定であった[3]（電池の両端が $+Q$ と $-Q$ の場合，分離の大きさは $2Q$）．こうして，電池の起電力（正負の電気を分離する大きさ）と静電気的な電気張力とが関連してくるのである．

ところで，電池の発明の契機は，1780 年，ガルヴァーニが蛙の足を解剖中に足が痙攣することに気づいたことにある．彼は，原因を動物の身体そのものが電気を発生するためだと考え，**動物電気**（**ガルヴァーニ電気**）と呼んだ．しかし，これを研究したヴォルタは，電気の発生は，異種金属の接触にあると考え，1800 年，銅板と亜鉛板と（電解質）溶液を用いて電堆（電池）を発明し，ここに初めて持続する電流が得られた．以降，電流はガルヴァーニ電気と呼ばれ，電気回路を**ガルヴァーニ回路**と呼んだ．電池の発明以降，1801 年には，ファン・マルムとパッフがヴォルタ電堆により蓄電瓶を充電させるのに成功

し，静電気とガルヴァーニ電気の同一性が証明された．また，1820年には，エールステッドが電流により磁針が振れる磁気作用を発見し，この作用の大きさによって電流の強さが測れることが暗黙のうちに了解されていた．また，コイルを使ってこの作用を強めた**倍率器**（電流計）も発明された．さらに，1821年以降，導体の電気伝導能力が導体の寸法などに依存することが，ディヴィーなどにより調べられていた．しかし，この伝導能力と電流の強さとの定量的な関係は明確ではなかった．

## 2. オームの実験的研究（第1，第2論文）

上述したような状況の中で，オームは，第1論文（1825年）と第2論文（1826年）の実験的な論文の中で，さきの関係を定式化した．オームが行ったのは，電源（電圧）を一定にした時，導線（抵抗）の長さを変えると，そこを流れる電流が磁針に及ぼす磁気力（電流に対応）がどう変わるかの関係を見いだす実験であった．この実験で使用した測定装置は，ねじり秤と呼ばれるものであった．この装置は，原理的には，電流が流れる導線の上に綱線を磁化した磁針を金箔リボン線で吊り，電流の磁気作用による磁針の振れを金箔リボンをねじって磁針をもとの位置に戻すためのねじれ角を測定するものである．このように，オームの実験は，今日，理科の授業でよく行われる「抵抗を一定にした時，電圧を変化させると電流がどう変化するか？」を調べる実験とは異なるものであった．こうして，オームは，実験データから実験式を導き出したのである．第1論文「金属における接触電気の伝導に関する試論」では，電源に起電力が不安定なヴォルタの電池（銅板と亜鉛板を電解質溶液，おそらく希硫酸に浸けたもので，分極作用が生じ起電力が低下する）を利用したため間違った関係式（対数関数の式でパラメータに**電気的張力**（electrische Spannung）を含む）を導き，第2論文「種々の金属に対する接触電気の伝導法則の決定，およびヴォルタ装置ならびにシュヴァイガー倍率器に関する試論」の実験では，電源を安定な熱電対（銅とビスマスの接合点を氷で0度と沸騰水で100度に保つ）に変え，次のような正しい関係式を最終的に導いた．

$$X = \frac{a}{b+x}$$

ここで，$X$は流れる電流による磁針に及ぼす磁気力の強さ，$x$は測定導体の長さ，$a$は電流を起こす**励起力**（**erregende Kraft**，**定数**，**起電力と同義**），$b$は回路の測定導体以外の部分の抵抗（定数）．この式は，$b+x$を回路の全抵抗（現代の標記で$R$），$X$を電流（$I$），$a$を電圧（$E$）に対応するものと考えると，現代流のオームの法則$I=E/R$に対応する．

しかし，これらの関係式のパラメーターとして電気的張力や励起力など電圧と関わりのある言葉がでてくるが，それがどんなものなのかの説明はまったくなされていない．また，8本の銅線による実験データから，上のような実験式をどうやって導けたのかも分からない．ある程度の理論的根拠をオームはあら

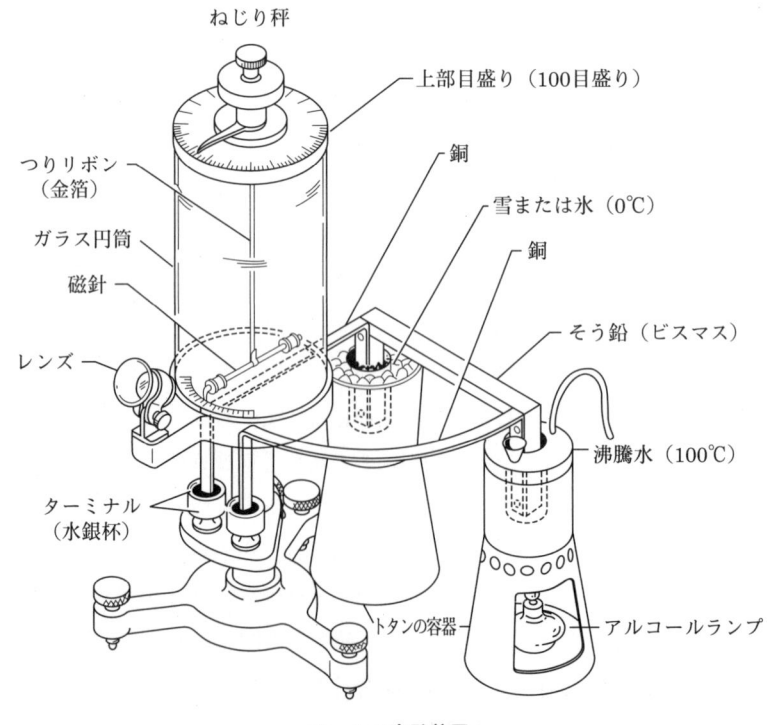

**オームの実験装置**

かじめもっていたのであろう．このような疑問は，実験的な論文の後にでた理論的な論文をみると，ある程度はっきりする．

なお，上の実験が載っている第1・第2論文に関しては邦訳本[4]があるので詳細はそれを参照していただきたい．

## 3. オームの法則を実験的に導いた第2論文の実験内容

理論的論文である第3論文に進む前に，ここで，電圧概念とは直接関係はないが，オームが現在「オームの法則」と呼ばれている法則を導いた歴史的に重要であると共に理科教育にとっても重要である第2論文の実験内容の概要を述べたい．

オームは8本の銅線を用意した．それらを順に，1, 2, 3, 4, 5, 6, 7, 8と呼ぶ．その長さは順に2, 4, 6, 10, 18, 34, 66, 130インチ（1インチ＝約2.4cmだから，それぞれ約5, 10, 14, 24, 43, 82, 158, 312cm）であり，太さはいずれも7/8ライン（1ライン＝約0.2cmだから約1.75mm）である．これらの銅線を水銀杯のターミナルに順に繋ぐ（熱電対と銅線が繋がれ回路が形成されて電流が流れる）．なお，各実験列に3〜4時間を要した．また，同じ日の2度目の実験では，銅線を逆の順序で繋いだ．これらの実験結果は，下表の通りである．表の値は，銅線を繋いで電流が流れると磁針が回転し，それをもとの位置に戻すために回転した上部目盛りの値．この値はもちろん磁針に働く力を表している．なお，上部目盛りは全周を100等分してある．

| 実験日時 | 実験列 | 銅線 | | | | | | | |
|---|---|---|---|---|---|---|---|---|---|
| | | 1 | 2 | 3 | 4 | 5 | 6 | 7 | 8 |
| 1月8日 (1826) | I | 326.75 | 300.75 | 277.75 | 238.25 | 190.75 | 134.50 | 83.25 | 48.5 |
| 1月11日 | II | 311.25 | 287.00 | 267.00 | 230.25 | 183.50 | 129.75 | 80.0 | 46.0 |
| | III | 307.00 | 284.00 | 263.75 | 226.25 | 181.00 | 128.75 | 79.0 | 44.5 |
| 1月15日 | IV | 305.25 | 281.50 | 259.00 | 224.00 | 178.50 | 124.75 | 79.0 | 44.5 |
| | V | 305.00 | 282.00 | 258.25 | 223.5 | 178.00 | 124.75 | 78.0 | 44.0 |

上記の数値は，十分に次の実験式をもって表される．なお，各文字の意味は前述した通り．

$$X=\frac{a}{b+x}$$

今，$b$ に 20.25 の値を，$a$ に異なった実験列に従い 7285（Ⅰ），6965（Ⅱ），6885（Ⅲ），6800（Ⅳ），6800（Ⅴ）なる値を与えれば，計算により次の結果を得る．例えば，実験列Ⅰの導体3は長さ $x=6$ インチだから，$X=7285÷(20.25+6)=277.5$ となる．

| 実験列 | 銅線 ||||||||
|---|---|---|---|---|---|---|---|---|
| | 1 | 2 | 3 | 4 | 5 | 6 | 7 | 8 |
| Ⅰ | 328.0 | 300.50 | 277.50 | 240.75 | 190.50 | 134.50 | 84.25 | 48.50 |
| Ⅱ | 313.0 | 287.25 | 265.33 | 230.25 | 182.00 | 128.33 | 80.75 | 46.33 |
| Ⅲ | 309.5 | 284.00 | 262.33 | 228.00 | 180.00 | 127.00 | 79.75 | 45.75 |
| Ⅳ | 305.5 | 280.50 | 259.00 | 224.75 | 177.75 | 12525 | 79.00 | 45.00 |
| Ⅴ | 305.5 | 280.50 | 259.00 | 224.75 | 177.75 | 125.25 | 79.00 | 45.00 |

この計算値を前述の実験値と比較するならば，その差は極めてわずかなことが分かる．

オームは，さらに，この少数例から得られた法則に一般性を与えるのに以下のことも行った．すなわち，この実験を銅線の代わりに黄銅線5本に変えて試みた．また，銅とビスマスの接合部の一方を氷により 0℃ に保ち，他方を室温 9.4℃ にし（励起力が変わる），先と同様に黄銅線を挿入して測定値（省略）を得た．この場合は，$b$ に先と同じ 20.25 を，$a$ に 619 を代入すると測定値と半目盛りも違わない値が得られた．これから，上式は，いかなる値の励起力に対しても成立するとの結論を得た．なお，この実験に関して，$b$ の値は不変であるのに，励起力 $a$ は先と比べて10分の1以上も小さくなっている．このことから，$a$ は単に励起力のみに関係し，$b$ は単に導体の不変部分にのみ関係するように思えた．こうして，$a$ は励起力を，$b+x$ は回路の全抵抗を，$X$ は磁気力の強さ（すなわち電流の強さ）を表すことになり，この新しい法則が確立した．

なお，この論文の後の方では，この法則を適用して「ヴォルタ電池列の理論」と「倍率器の理論」について論じている．「ヴォルタ電池列の理論」では，電池を直列に接続したときの磁気力の強さなどを考察している．また，「倍率器の理論」では，電源に倍率器のコイルを繋いだ場合の最大（限界）倍率などを論じている．そして，オームは，「これらの理論は，この論文において展開された金属の伝導法則の真実性を証明するものだと」と結んでいる．

ところで、オームがどのようにして実験データから上の実験式を導出したのか定かではないが，解説者なりに推測してみる．実験式を求める常套手段として，まず，銅線の長さ $x$ と磁気力 $X$ の平均との関係をグラフ化してみる．

| 銅線の長さ $x$ | 2 | 4 | 6 | 10 | 18 | 34 | 66 | 130 |
|---|---|---|---|---|---|---|---|---|
| 磁気力 $X$ の平均 | 311.05 | 287.05 | 265.15 | 228.45 | 182.35 | 128.5 | 79.85 | 45.5 |

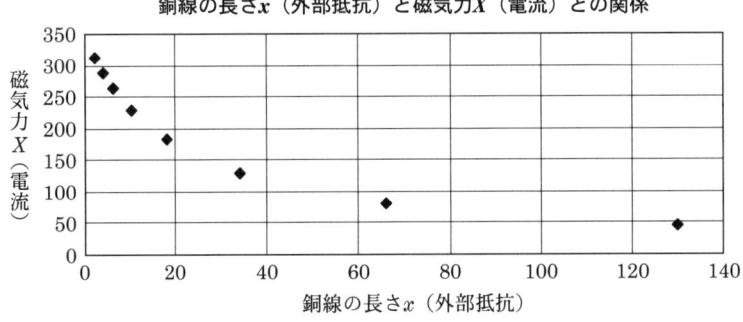

銅線の長さ $x$（外部抵抗）と磁気力 $X$（電流）との関係

グラフを見ると，一見，指数関数的に減少しているように見える．推測であるが，オームは，この時点で，すでに理論的に励起力 $a$ に比例することと導線の長さ $x$ などに反比例することをある程度予測していたものと考える．それは，この論文が発表された同年の第3論文に早くもこの実験式の導出が見られるからである．グラフを見ると $x \to 0$ で $X \to \infty$ ではなさそうなので，分母は導線の長さ $x$ にある定数 $b$ がついたものになると考えられる．よって，関係式は，次式となる．

$$X=\frac{a}{b+x}$$

$a, b$ の値は，オームが最小2乗法で求めたのか定かではないが，ここでは簡単に連立方程式で求めてみる．$x=10$ のとき $X=228.45$，$x=66$ のとき $X=79.85$ を上式に代入してみる．

$$228.45=\frac{a}{b+10}, \quad 79.85=\frac{a}{b+66}$$

この2式を，連立方程式として解くと，$a=20.1$，$b=6874.1$ となる．これは，オームの求めたものと近い．

## 4. オームの理論的研究（第3論文）

　オームは，上記のような実験的研究を一旦切り上げ，これまでの実験的な論文などの結果を，理論的に説明することへと向かった．すなわち「ガルヴァーニ電気力によってもたらされた検電器的な現象についての試論」である．[5] これは，主著の議論の予備的考察として位置づけられる．

　この論文の目的は，冒頭に書いてある通り「異なる物体間の**電気的張力**と言う事実を基にして，ガルヴァーニ回路のすべての現象を説明する自分が発見した包括的な2つの法則を提示し，特別な場合にこれらの法則を適用すること」である．そして，まず，2つの法則，すなわち電流法則と検電器的法則を理由も述べずに天下り的に提示し，この2つの法則から今までに得た実験結果を説明するというものである．第1の電流法則からは，式の置き換えによってオームの実験的な法則を導き出した．また，第2の検電器的法則から，回路を開いた・閉じた・アースした・アースしない場合の異なる点での**検電器力**（**elektroskopische Kraft**）の測定実験を完全に説明した．検電器力とは，現代の電位と同様な概念である．この論文では，大部分が第2の法則を適用した考察に当てられている．この考察は，次の2つに分けられている．1つは，「A. 単一回路（ヴォルタ電堆1枚を導線で接続した回路）における検電器的現象」，もう1つは，「B. ヴォルタ電堆列（電堆複数）における検電器的現象」で

ある．後者は，前者の結果を応用したものである．そこで，以下では単一回路の場合を論文にある通し番号に沿って要点を解説もまじえて述べ，ヴォルタ電堆列を含む回路についての要点は割愛する（翻訳でも割愛した）．

（1） 2つの方程式とは，(a) $X=kw(a/\ell)$，(b) $u-c=\pm(x/\ell)a$

ここで，(a)式は電流法則．$X$：電流の強さ，$k$：導線の伝導率（伝導能力），$w$：導線の横断面積，$a$：導線の両端の電気的張力（電位差に相当），$\ell$：導線の長さ

(b)式は検電気的法則．$u$：導線上の座標 $x$ 点で検電器に作用する電気の強さ（**検電器力**），$c$：条件によって変わる不定定数，$x$：導線上に選ばれた原点からの距離，±：横座標の方向をマイナスからプラスの方向へ進む時プラス，その逆の時マイナス．

この2式の導出過程についてはまったく述べていない．主著で述べられる．

（2） (a)式から，種々の伝導率・横断面積・長さを持った導線を，電流を変えないで，標準の伝導率・横断面積をもつある長さの導線に置き換えることが可能である $\ell/kw=\ell$ と置くと，(a)式は，次のようになる．

$$X=a/\ell \cdots (\text{c})$$

ここで，$\ell$ は考えている導線と等価な，標準の伝導率・横断面積を持つ導線の長さである．これは現在の抵抗を表す式と同一であり，「**換算長（reduzirte Länge）**」と名づけた．

(c)式は，第2論文の実験で得た法則を単純化したもので，現在のオームの法則の形と同じである．

（3） (a)式から導いた法則などについて，簡単にコメントを述べた後に，(b)式を使ってガルヴァーニ回路での検電器的現象の考察に移る．その際，A. 単一回路と B. ヴォルタ電堆列を含む回路の2つに分けて別々に考察する．

## A. 単一回路における検電器的現象

（4）「回路（導線）の中央では検電器力はゼロとなり，ここから両端に向かって，漸次一様に大きな値になっていく．すなわち，座標の原点に向けて正，反対の端に向けて負になり，これらの端（電堆の両極）で最大状態に達す

る．それぞれの端では張力は半分になる（$u=\pm 1/2a$）」．このことは，（b）式で横座標の原点（$x=0$）を導体のプラス端におけば，$c=1/2a$, $u=(1/2\ell-x)a/\ell$ となることより分かる．

　オームは，電気的張力（電圧）を電池の両端の検電器力（電位）の差と考えているようで，ここでの結論は，電堆（電池）の両端の検電器力の差が電気的張力（電圧）$a$となっている．これは，現代の感覚とは異なる．現代では，電池の電圧を考える時，通常，電池の－端を0電位として＋端の電位を考えているのである．また，導線上の各点で連続的に検電器力が変化し，回路の中央で0になるという考えも現代とは異なる．現代では，電池に導線をつないだ場合，＋端から－端にかけて連続的に電圧降下が起こり，－端で0になる．以上，現代とは一見違うようだが，オームの表現の方がむしろ正確な表現なのである．ちなみに，解説者が，高圧電源に導線の代わりに真空放電管を直列に2本つなぎ，高圧電源の両端や2つの真空放電管のつなぎ目（回路の中央）などの各点を箔検電器を使って電位を測定してみたところ，オームの言っていることが定性的に確かめられた．

　（5）　回路内に不導体を挿入した場合，すなわち，導線の途中を開いた場合．「＋の端と接続している回路のすべての部分では，電気力は正になり至る所で半分の張力$1/2a$になる．同様に，－の端と接続している回路のすべての部分では，至る所で半分の張力に等しく負である」このことは，不導体は無限に長い導線と同等であることから分かる．

　（6）　電堆との接触点を越えて電堆内部に進んだ場合の検電器力の飛躍について．「この場合，$a$だけ増やされるか減らされる．」例えば，＋端を越えて－端に向かうとき，$+1/2a$から$-1/2a$になり$-a$だけ減る．このことによって，電池の考察が非常に簡単になる．

　（7）　ある場所$x=\lambda$点で，完全にアースされた場合．「ある別の場所$x$点での検電器力は，アースしない場合の$x$点と$\lambda$点での検電器力との差になる．したがって，一端がアースされると，他端の検電器力はアースしない場合の2倍になる」このことは，アース点$x=\lambda$で$u=0$となることから，不定定数$c$を決め，$u$の式：$u=(\lambda-x)a/\ell$を出し，これを変形すると分かる．

（8）〜（10） 省略

　次に，これらの考察を基にして，**B. ヴォルタ電堆列**における検電器的現象の考察に進む．ここでの議論は，単一回路での結果を利用して，各電堆からの作用の合成を考えるものであり，単一回路と同様な考察ができることを示している．そして，最後に，「以上の理論（回路における検電器分布）の正しさは，Gilberts Annalen 8 巻（特に，p.205, 207, 411, 456），10 巻（特に，p.11），13 巻の中で掲載されたエルマン，リッター，イェーガーの実験で証明された．」と述べている．これらの実験は，コンデンサトール[6]を使って行われた．条件によっては使わなくともできるとも書いている．さらに，その後，このオームの論文に対する補遺の中で，オーム自身，100 枚の電堆を使い，コンデンサトールで（真鍮線の場合）あるいはなしで（鉄線の場合），検電器力分布を測定した記述がある．

## 5. オームの主著『ガルヴァーニ回路の数学的取り扱い』[7]

　この主著は，オームの研究の集大成で，83 ページにも渡る長い序論とそれ以降 200 ページまでの本論から成る．序論は，本論で取り扱う数学的考察を受け入れやすくするために，前もって本論全体の展望を与えている．この序論では，第 3 論文（1）の（a）式と（b）式やこれまで実験で得られた法則などを，図を中心に据えて幾何学的・代数的に導き出している．本論は，最終的に，彼が実験的に発見したオームの法則を，フーリエの熱伝導論（『熱の解析的理論』1822 年）とのアナロジーにより微分方程式を使って理論的・数学的に導き出している．

　この主著によって，第 3 論文（1）の（a）式と（b）式の導出過程や，オームの張力や検電器力の概念などが明確になり，「オームの法則」に至る思考過程がいくらかうかがい知ることができる．以下，これらのことを中心にして要点を解説もまじえて述べる．

　まず，序論の内容から見ることにする．序論には，通し番号が付けられていないが，便宜上，説明のまとまり毎に通し番号を付した．

## 序論

（1） まず，論文全体の土台を作る3つの基本法則を挙げている．

① 第1の法則は，同一の物体内における電気の伝播の方法である．それは，1つの物体微分子からの電気の伝達は，それに隣接する物体微分子への直接的方法で行われる．そして，2つの微分子間の移行の大きさは，その中の**電気力**（**elektrische Kraft**）**の差**（検電器力の差と同じ）に比例する．このことは，熱の移行が温度差に比例するのと同じである．

この法則は電気の伝達を示している．ここで，物体微分子とは＋と－の電気粒子を想定しているようである（原子論的）．例えば，－電気粒子を固定して考えると，＋の電気粒子が－電気粒子と結合し，また分離して進んでいくと考えられる（アンペールの考えと同様と思われる）．一方，このような移動が定常的に起こるためには，2粒子間の電気力の差が，温度差と同じように連続的に同じ大きさで物体内に現れなければならない．このことが，後で図示されるように，電気力が導線中で連続的に変化しなければならないことを意味しているのではないだろうか．なお，当時一般的に，張力とは開いた回路の両端に現れる検電器力の差と考えられており，電池の両端や電池につないだ不導体上の電気力だけを静電気的にとらえていた．しかし，オームは電流の流れている導線上でも電気力を持たなければならないとして，電気力の概念を拡張して考えているようである[8]．

② 第2の法則は，周囲の空気中への電気の散乱（散逸）の方法である．これについては，電気はいつでも物体内部を通過するので，空中への散乱は，クーロンの場合（帯電体の電気散逸の実験）に比べて，ほとんど無に等しい．

この法則は，熱の伝導理論との対応を示すために置かれたものに過ぎない[9]．

③ 第3の法則は，2つの異質の物体の接触箇所への**電気的張力**の出現方法である．すなわち，現代の**接触電位差**のことのようである．もし，異種の物体が互いに接触するなら，それは接触箇所において，持続的に**検電器力**

のまったく同一の差を維持する．

　オームは，電池の電気力に対してヴォルタと同様に接触説を支持しており，第3法則はこの考えを表すものである．電気的張力を2つの接触箇所における検電器力の差と考えている．なお，オームは，物体の温度と熱素の体積密度との関係のアナロジーから，検電器力を電気の体積密度に比例する電気層の厚さであると考えていたようである[10]．

　この3つの基本法則を結びあわせると，任意の形と種類の物体における電気運動が従う諸条件が示される．このようにして得られる微分方程式と取り扱いは，熱の移動に対してフーリエらによって与えられた熱の理論と非常によく似ている．なお，ガルヴァーニ現象を助ける2つの条件として，ガルヴァーニ装置の性質から，①電気運動は1次元の運動であり，②時間と共に変化しないことを挙げている．このことは，数学的取り扱いを可能にし，その取り扱いにある程度の簡素化をもたらす．

（2）　この第1と第3の基本法則によって，次のようにして，ガルヴァーニ現象に対する，はっきりした理解に達する（第3論文 (b) 式の導出）．

　すなわち，どこでも同じ太さで，同質の輪（Ring，回路の導線）において，1つの場所に電気張力が与えられると（電堆を接続），電気平衡が乱され，電気の運動が輪の延長方向だけに局限される時は，電気はその平衡を元通りにするために，その場所の両側に向かって流れ出す．この時，張力が持続的であれば，平衡は元に戻ることができず，すぐさま電気の持続的（定常的）な運動が出現する．これは，励起箇所から絶えず発して，輪全体を通して一様に進み，最後に励起箇所に戻ってくる電気状態の変化によってもたらされる．一方，励起箇所自体においては，突然の張力を作り出す電気的性質の飛躍が，持続的に認められる．この簡単な電気分布（検電器力分布）の中に，様々な現象への鍵がある．

　① そこで，輪への電気分布の仕方を，次のように図解することによって分かりやすくする（Fig1）．すなわち，輪の励起箇所を開き，輪を一直線にのばしたと考え，電気の強さ（正負の電気的状態）をすべての場所で，そこに立てられた垂線の長さ，すなわち，縦座標によって表す．図の $F$ は $A$

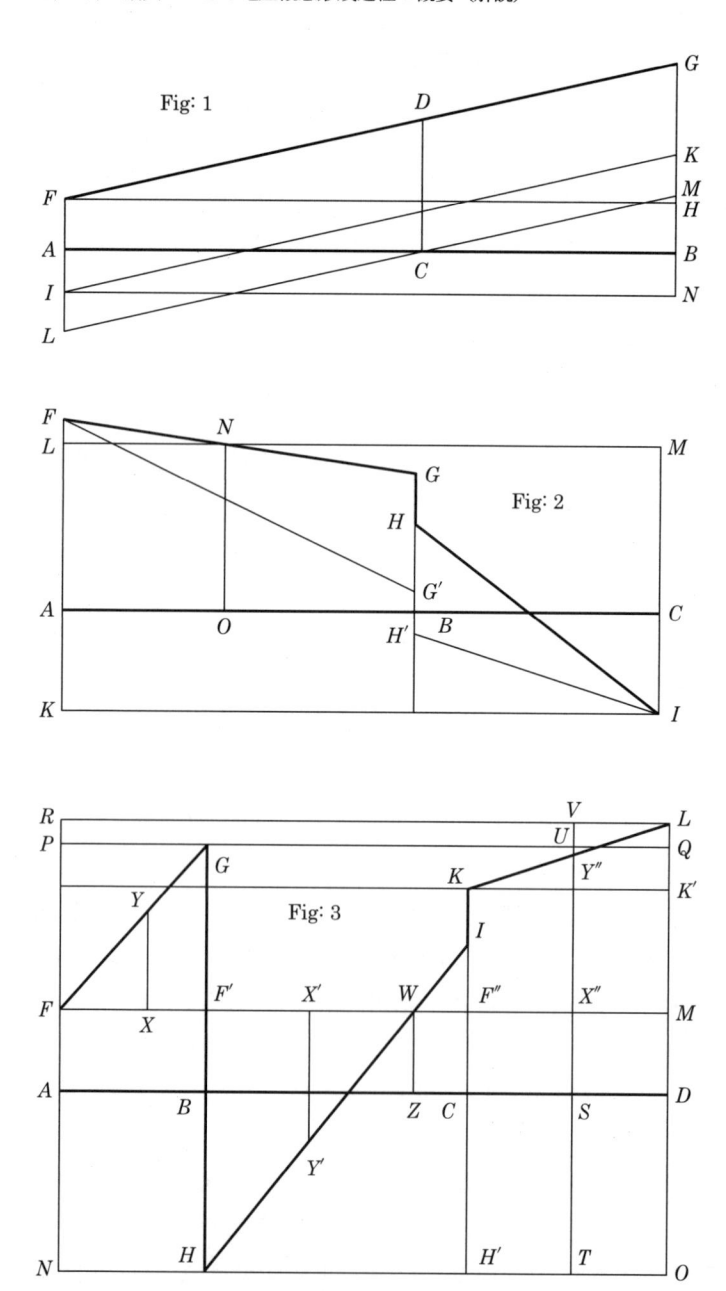

16　第1部　論文でたどる電圧概念形成過程の概要（解説）

Fig: 1

Fig: 2

Fig: 3

点での検電器力（－極側），$G$は$B$点での検電器力（＋極側），$GH$は$AB$両端の張力．ただし，この絶対的な大きさは不定であり，諸条件（ある点をアースするなどの条件）から決められる．Fig1で，3つの斜めの平行線がそのことを表している．

この図において初めて，電気回路は垂直方向のある高さから電圧の低い方向へ絶え間なく落ち続ける一定量の電気の流れというイメージが明示されることになる．そして，回路全体に沿って見ると，電気はこれを1周して，励起力を生じる場において再び突然不連続的に押し上げられる事になる．こうして，熱伝導と同様に，オームの法則は流体がある高さから流れ落ちる幾何学的イメージと関連づけられる[11]．

② 次に，以上のことは，2つの異質の部分（$AB$と$BC$）から成る輪にも拡張される（Fig2）．ここで，接触箇所（励起点）$B$における$GH$の不連続線は，その点での張力の低下を表している．低下するか上昇するかは張力の向きによる．ただし，ここでも，完全に図形を決める仕方は，別の考察（それぞれの部分の伝導能力や横断面などに関する考察）からなされる（詳細は割愛）．こうした考察から，2以上の異質な部分から成る輪の電気的性質に関する次の一般定理に達する．「任意の多数の柱状の部分から成るガルヴァーニ回路においては，その電気的性質に関して，1つの部分から他の部分に至るすべての励起箇所（接触箇所）における，突然の，その場所を支配する張力を作る飛躍と，各部分の中を1つの端から他の端にいたる，漸次的で，一様な移行が現れる（現代の電位分布）．そして，各移行の勾配は，伝導率と各部分の横断面積の積に反比例する」．

③ 上の一般定理から，すべての特別な場合において，完全な図形をたやすく導くことができる．そこで，実例として3つの異質な部分から成る輪を取り上げる（Fig3）．まず，電気分布の形を決める議論から，次の一般規則に達する．「多数の部分から成る輪のすべての張力の和を，部分の長さに比例しそれらの伝導率と横断面積の積に反比例するような，多数の部分に分けるなら，これらの部分は順々にその勾配を示す．その勾配はここの部分に属し，電気分布を示す直線を与えねばならない」．次に，この図形

の位置,すなわち任意の場所での電気力の決定に関する議論から,ある1つの場所における電気力(検電器力)を $u$ で表すと,次の一般式が導かれる.

$$u = \frac{A}{L}y - O + c$$

ここで,$A$:全励起点からの張力の和,$L$:全回路の修正された長さ(換算長)－実際の長さに比例し伝導率と横断面積に反比例するもので現代の抵抗と同一,$y$:横座標の原点から考えている点までの修正された横座標(換算長),$O$:原点から考えている点までに存在する張力の和,$c$:不定定数.

上式は,第3論文の(b)式に対応する.この式は検電器力分布を表す式であるが,現代流には $A/L$ は電流を,$(A/L)y$ は抵抗による電圧降下を表している.

(3) 次に,電流の大きさを決める議論に移る(第3論文の(a)式の導出).

まず,回路に流れる電流は至る所で一定である.そして,その電流の大きさは,1つの微分子からそのすぐ隣の微分子への電気的移行の強さ(Elektrizitätsübergang)が与えており,それは両粒子間の電気的差異と伝導率の積によって与えられる.そして,一定距離で引き起こされる微粒子間の電気的差異は,例えばFig3の部分 $BC$ では,線分 $HI$ の傾き $IH'/BC$ で表される.したがって,電気的移行の強さは,部分 $BC$ に対する伝導率を $\chi$ とすれば次のように表せる.

$$\chi \cdot IH'/BC$$

それで,電流の大きさ $S$ は,$BC$ の横断面積を $\omega$ とすれば,次のようになる.

$$S = \frac{\chi \cdot \omega \cdot IH'}{BC} \quad (第3論文の(a)式に相当.ただし,記号が違っている)$$

また,$IH'$ の代わりにその値 $A \cdot \lambda'/L$ を置き($A$ を $\lambda':L$ の比に配分した値),さらに $\lambda'$ を $BC/(\chi \cdot \omega)$ と置き部分 $BC$ の **換算長 (reduzirte Länge)** とすれば,次のようになる.

$$S = \frac{A}{L} \quad (第3論文の(a)式で,\ell/kw を L で置き換えた式)$$

この式は，普遍的に有効で，回路のすべての場所における電流の大きさを表す．言葉で言えば，「ガルヴァーニ回路の中の電流の大きさは，すべての張力の和（電圧に相当）に比例し，回路の全換算長（全抵抗に相当）に反比例する．」となる．これが現代流のオームの法則に相当する．このガルヴァーニ回路の電流を決める式と，先に述べた回路のそれぞれの場所での電気力 $u$ を表す式とが共同して，ガルヴァーニ回路の現象に関するすべてを単純で確実に推論できるようにする．

この後，Fig3 に戻り，ガルヴァーニ回路に広がった電気分布などの考察—回路のある場所を非伝導体で接触させた場合，回路のある部分が不導体の場合，アースした場合など—をした後，再び電流の考察に移る．先の考察から，「ガルヴァーニ回路において，電流の大きさは，すべての場所において，至る所で同じであり，単に，電気分布の仕方に依存しており，たとえ回路のある場所での電気力がアースまたはその他のことによって変えられようとも，電流の大きさは変わらない」ことが分かる．この前半部分はベクレルの実験により，後半部分はビショフの実験により実証された．

次に，$S=A/L$ の式より，回路の電流の大きさは，張力の大きさと換算長（部分の実際の長さ・伝導率・横断面積による）の大きさにより多様に変化する．しかし，1つの要素だけを可変に，他のすべての要素を一定とすれば，ある条件での電流の普遍方程式を導くことができる．そこで，実例として，回路のある部分の実際の長さ $x$ だけを変化させ，他のすべてを常に一定とする場合を取り上げる（オームの第2論文の実験）．この時，全換算長 $L$ は次のようになる．

$$L=\Lambda+x/(\chi\cdot\omega) \quad (\Lambda：ある部分 x 以外の換算長の和)$$

それで，この時の電流を表す普遍方程式は次のようになる．

$$S=\frac{A}{\Lambda+x/(\chi\cdot\omega)}$$

ここで，分母子に $\chi\omega$ を掛け，$\chi\omega A$ を $a$，$\chi\omega\Lambda$ を $b$ と置けば最終的に次のようになる．

$$S=\frac{a}{b+x} \quad (第2論文で,オームが実験から導き出した式)$$

これは,$a$と$b$が一定値であり,$x$(長さ)だけが変わる場合の普遍方程式である.

この後,終わりの方で,$S=A/L$ の式から,いくつかのガルヴァーニ回路の張力・換算長・電流の特質を考察している.例えば,ヴォルタ電堆と熱電対との違い,ヴォルタ電堆を直列や並列につないだ場合の電流,これらの回路に外部から導線をつないだ場合の電流,これと関連して倍率器(電流計)の巻き線に関する最大効果,並列回路における合成換算長(合成抵抗),ヴォルタ電池の液体中での電気の振る舞いなど.以上,序論でこの主著の内容を大ざっぱに概観し,この後の本論で個別的な部分のより徹底した数学的取り扱いに移る.

本論は,(A)「電気伝播に関する一般的研究」,(B)「検電器的現象」,(C)「電流の現象」の3章で構成されており,全体が(1)～(29)の節に分かれている.内容的には序論と同様だが,電気伝播の微分方程式を使うなどより理論的・数学的である.ここでは,節毎の要点を掲げる.

## 本論(ガルヴァーニ回路 Die galvanische Kette)

### (A) 電気伝播に関する一般的研究

(1) 物体$A$の電気的性質の変化を追跡するために,電気的性質の変わらない第2の可動物体(それを**検電器**と名づける)に作用させ,検電器に作用する力(物体$A$による反発力か引力)を測定する.この力を物体$A$の**検電器力**と名づける.そして,その力が反発力の場合は+記号を,引力の場合は-記号を測定値の前に付ける.これは,検電器力の操作的定義にすぎない.

(2) 検電器力が,検知される時間と現れる場所にどのように依存しているかを決定できるようにするためには,基本法則から出発しなければならない.この基本法則は2種類から成り,経験(実験)によるものか,または,経験(実験)では分からず仮説を援用するものである.後者の正当性は,計算の結果から導かれたものと,現実に起こったものとの一致によって間違いなく知る

ことができる．次に，基本法則そのものの提出に移る．

（3） 2つの同じ大きさの電気的物体要素を互いに適当な距離におけば，相互に作用し合い，電気的平衡がもたらされる（2つの電気的状態の変化は，検電器力の差がなくなると止まる）．そこで，次のことを仮定する．2つの要素において非常に短い時間間隔で生じた電気的変化は，その時間に存在する検電器力の差と時間間隔の大きさに比例すると．なお，物体は電気に関して，物体の**熱量**と呼ばれるものと似たような反応を示す（熱伝導とのアナロジー）．

（4） もし，2つの要素が同じ大きさでない場合には，それらを等しい部分の集合として見なすことができる．この場合の相互作用は，それらの検電器力の差と作用している時間だけでなく，それらの相対的な広がりの大きさにも比例すると考えなければならない．ここで，オームは，相対的な広がりの大きさを，要素の体積や間隔と考えているようであるが，本当は静電容量である．ここで，要素の大きさに関連した検電器的作用の合計を**電気量**と名づける．オームは電気量を体積×検電器力の差と考えているようである．本当は，静電容量×検電器力の差．ここで，電気量と検電器力の違いが明確になっている．

（5） 省略

（6） そこで，ただ単に電気の運動を基礎におく1つの法則（微分方程式）を提示するために，まず，2点間の伝導率 $\chi$ の大きさを，一定時間で，1点から他点へ移動される電気量 $q$ と2点間の距離 $s$ に比例する量との積の大きさによって表現（定義）する．すなわち，$\chi = qs$．ここで，移動される電気量 $q$ は，（4）により，2要素間の検電器力の差 $u' - u$，時間の長さ $dt$，各要素の体積 $mm'$ に比例する．検電器力の差と時間の長さを基準単位1とすると，変化する（一方の要素から他方の要素へ流れる）電気量の微分方程式として，次式を得る．

$\chi(u' - u)dt/s$ （この式は第3論文（a）式・主著序論（1）の第1法則に対応する式）．

（7）〜（9） 省略

（10） 我々は，ガルヴァニズムの名で呼ぶすべての現象の基礎をなす経験則を持っている．すなわち，互いに接触した異なる性質の物体は，接触箇所に，

持続的でまったく同一のそれらの物体の同一の検電器力の差を維持する（接触電位差のこと）．この差は，その本質から生じる反発によるものであり，この反発を**電気的張力**と言うことにする（この言葉は，元々は静電気における概念）．この経験則は完全に一般的で，ヴォルタ電堆での検電器的現象の説明に関してすべての物理学者によって採用されている．

(11) 以上で，準備が整ったので，本題に移る．最初に，同質で円柱状または角柱状の物体での電気運動に目を向ける．この物体の中で，軸に垂直な2つの切片を移動する電気量の変化については，(6)での式が適応できる．この式を適用すると，軸方向の横座標 $x$ における無限に薄い厚さ $dx$ で検電器力が $u$ の切片での電気量の時間 $dt$ での全変化量は，考えている切片の両隣の切片からの電気移動量の合計を計算し，テーラー展開を利用すると，

$$\chi\omega(d^2u/dx^2)\,dxdt - bcudxdt$$

ここで(6)式の $\chi$（相対伝導率）を $\chi\omega$（$\chi$：絶対伝導率，$\omega$：柱状物体の横断面積）で置き換えた．なお，第2項はクーロンによる空気中への電気の散逸分である（$b$, $c$ は定数）．この項は序論(1)の第2法則に対応する項で，実際上は無視できる．一方，切片において時間 $dt$ での電気量の全変化は，$\omega dx$ が体積を表すことから，$\gamma\omega(du/dt)dxdt$（$\gamma$：異なる物体の特質を表す係数）．これらの式を等しいと置き，両辺を $\omega dxdt$ で割ると

$$\gamma(du/dt) = \chi(d^2u/dx^2) - (bc/\omega)u \cdots \text{(a)}$$

この式から，検電器力 $u$ が $x$ と $t$ の関数として決定される．

(12) 先の切片間での電気量の変化の考察と同様にして，切片の片方から入り込む電気量と同一のものが，同一の時間で，再び切片から反対側へ向けて送り出される事が分かる．この不変な強さの電気の推進を**電流**（electrischer Strom）と名づける．これを $S$ で表すと，

$$S = \chi\omega(du/dx) \cdots \text{(b)}$$

こうして，電流 $S$ と検電器力 $u$ が関連づけられる．なお，$S$ が＋の時は，その流れは座標とは反対に生じる．

(13) 次に，異なる金属からなる角柱状の2つの物体 $A$（検電器力 $u$）と $B$（検電器力 $u'$）が，並んで置かれ，共有の底面を互いに接合してある場合を考

察する．しかし，この共有の底面には2つの特別な条件がある．1つ目の条件式は，(10)で提出された法則により，

$(u)-(u')=a$　　（序論（1）の第3法則に対応する式）

ここで，カッコでくくった$u$の値は共有する底面のすぐ近くの特別な値，$a$は両方の物体の性質に依存した一定値である（電気的張力）．2つ目の条件方程式は，電流は2つの物体の共有する底面において，同じ大きさと方向を持たなければならない事である（電流の連続保存条件）．(12)の$S$の式より，$\chi\omega(du/dx)=\chi'\omega(du'/dx)$．ここで，カッコでくくった値は，先の式と同様．このような議論は，横断面積が異なる物体間や，3つ以上の物体が接合した場合にも拡張できる．

(14)　省略．次の2章で，以上で提示した式の適用に移る．

(B)　検電器的現象

(15)　上述の角柱状の物体の議論は，導体が曲がっている場合にも有効である．そこで，角柱状の物体が元に戻るように曲がっており，その両端が互いに接触しているところに，電気的張力の発生源を考える．つまり，電堆1つに導体が輪のように接続されている第3論文での単一回路を想定している．このような角柱状物体の任意の場所での検電器力は，(11)の(a)式から導かれる．ここで，ガルヴァーニ作用は定常的で時間に依存しないので，(a)式の左辺は0である．また，空気の影響がないとすると，右辺第2項は0になる．したがって，$0=(d^2u/dx^2)$となる．これを積分すると，

$u=fx+c\cdots$(c)　　（$f, c$：任意で決定すべき定数）

ここで，導体の両端の張力または検電器力の差を$a$，導体の長さを$\ell$とすると，$f=a/\ell$となる．したがって，

$u=(a/\ell)x+c\cdots$(d)　　（第3論文(b)式に同じ）

一方，定数$c$は，外部条件によって決まる．例えば，回路のある場所をアースした場合，張力を加えた場合．なお，外部条件がない場合は，接触点から等距離の中央点を中立（電気的にゼロ）とする．

以上は，序論のFig1による考察に対応する．

(16) 次に，2つの異なる部分から成るガルヴァーニ回路での $u$ の式へと拡張する．その際，接触点で電流が連続であるという (13) の2つ目の条件方程式を使う．詳細略．

以上は，序論 Fig2 による考察に対応する．

(17) 同様に，3つの異なる部分から成るガルヴァーニ回路での $u$ の式へと拡張する．詳細略．

以上は，序論 Fig3 による考察に対応する．

(18) 先に求めた検電器力 $u$ の式を，一般式にまとめる．このことを簡潔にするために，回路のある均質な部分の長さを，それの伝導率と横断面積の積で割ったものを**換算長**と名づける．これは，現代の抵抗と同一である．すると，任意の多くの部分が集まってできたガルヴァーニ回路の任意の1点での検電器力 $u$ は，次のような一般式で表される．

$$u = (A/L)y - O + c \quad (序論（2）の式と同じ)$$

ここで，$A$：回路のすべての張力の和，$L$：回路の全換算長，$y$：横座標の原点から考えている点までの換算長の和（**換算座標**と名づける），$O$：原点からその点までに飛び越すすべての張力の和，$c$：未定定数

こうして，以下のガルヴァーニ回路の一般的特性が導ける．

(a) 回路の1つの均質部分の検電器力は，その部分の全長にわたり，連続的に，同じ距離毎に，常に同じだけ変化する．しかし，その均質部分が終わるところや別の均質部分が始まるところでは，張力の存在するところで，突然，その全張力分だけ変化する．

(b) もし，回路のある1点で，いかなる原因によってその電気的状態が変化させられようとも，同時に回路のすべての場所で，その検電器力を変え，しかも同じ大きさだけ変える．

これで，序論の図の意味が良く理解されるであろう．

(19) 〜 (23) **省略**

ただし (21) に，回路に外部物体を接続した場合の検電器力の変化の考察があり，この考察を応用して，回路にコンデンサトールを接続して，検電器力を高める考察がある．このことは，その後，コンデンサトールを利用して回路の

検電器力（電位）を測定する方法を提供することとなる（コールラウッシュの実験など）．

### (C) 電流の現象

(24) 多くの角柱部分が集まってできたガルヴァーニ回路の電流 $S$ の一般式は，(12) の電流の式 $S$ と (18) の $u$ の一般式とを組み合わせると，次式になる．

$$S = A/L \quad （第3論文 (c)・序論 (3) の式と同じ）$$

この式は，現代のオームの法則 $I=E/R$ と同じである．

この式から，電流は回路のすべての場所でまったく同じ大きさであり，また，回路のすべての張力の和 $A$ と回路の全換算長 $L$ との比だけによる事などが分かる．

(25) $A/L$ の値は，回路全体の $A$ や $L$ を知らなくとも，回路の個々の性質から推定する事もできる．すなわち，$u$ の一般方程式の各項を微小変化させると次式が導ける．$A/L=(\Delta u + \Delta o)/\Delta y$．それゆえ以下のようにすると電流の大きさが分かる．回路の2点での検電器力の差に，これら2点間にあるすべての張力の和を加え，その和を同じ2点間にある回路の部分の換算長で割る．

(26)～(29) 省略　以下，(24)・(25) の式を用いて，序論の終わりの方の考察と同様な考察をしている．

### 文献と注

1) Morton L. Schagrin: "Resistance to Ohm's Low" American Jour. of Phys., 31 (1963), p.537~538
2) 高木純一：電気の歴史—計測を中心として—（オーム社，1967），p.35
3) (1) p.539
4) 田中剛三郎：Georg Simon Ohm その生涯と業績（オーム社，1954），p.87~119
 ※本書のオームの実験装置の図は第2論文の図ではなく，2) の文献の図を利用させていただいた（一部付け加えた）．
5) G. S. Ohm: "Versuch einer Theorie der durch galvanische Krafte hervorgebrachten electroscopischen Erscheinungen" Poggend. Annal. VI., 1826, p.459~469; VII., 1826, p.45~54, p.117~118〔補遺〕
6) 城阪俊吉：エレクトロニクスを中心とした　年代別　科学技術史（日刊新聞工業社，

1980) p.40

　＊ヴォルタによって発明されたもので，原理的にはコンデンサーと同じであるが，働きは電位を増幅する器具である．2枚の金属板の一方にニスなどの薄い絶縁体（誘電体）を塗った物であり，この金属板に電荷を与え（充電し），2枚の金属板の間隔を広げていく（上板に絶縁体の取っ手を付けて，上へ持ち上げていく）．すると静電容量 $C$ が小さくなり，電荷量 $Q$ は不変なので，電位 $V$ は $C=Q/V$ の関係から大きくなる．したがって，これに検電器を作用させると，小さな電位でも増幅して感知することができる．なお，これを自作して，1個の乾電池の電圧を測定したことが，渡辺勇：電気を発見した7人（岩波書店，1991），p.31~33に載っている．解説者も追試してみて成功した．

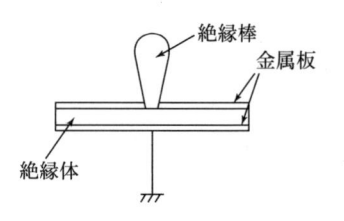

7) G. S. Ohm: "Die Galvanische Kette, mathematisch bearbeitet" Berlin, 1927
8) (1) p.546
9) Caneva. K. L: "G. S. Ohm", Dictionary of Scientific Biography x, ed. by Gillispie, c, c New York, p.192, p.190~193

　＊これには，オームの生涯や論文の概要が大変良くまとまっているので，全体を概観するのに役立った．

10) ホイッテーカー：エーテルと電気の歴史上巻（講談社，1977），p.112
11) 森ゆりこ：オームの法則の成立過程に関する研究（科学技術史　第3号1999）p.34

# II

# オーム理論の仮説であるガルヴァーニ回路における検電器力分布のコールラウッシュによる直接的検証実験

　オームは，「オームの法則」の理論的導出において，ガルヴァーニ回路中に静電気的な検電器力（彼により検電器で測れるものと操作的に定義されたもので現代の電位に対応）の差が一様に連続的に分布していると仮定し，この差によって電気粒子が動かされ一定の電流が流れるものとした．この導出は，フーリエの『熱の解析理論』(1822) において，温度差によって熱が伝導するとのアナロジーから考えついたものであった．しかし，当時の測定器の精度ではガルヴァーニ回路の金属線における検電器力分布の仮説の精密な検証実験はできなかった[1]．一方，オームの法則それ自体は，当時の科学者たちにより着実に確認されていった．このようなわけで，当時の科学者たちは，オームの法則それ自体は事実として認めたが，そのよって立つ検電器力分布の仮説（理論）を1つの妙案としてみなしたり，まったく容認しなかったりした．このようなこともあり，オームは長い年月不遇の生活を送るのであった．

　オームが上記の理論を発表（1827年）してから，22年後，コールラウッシュは，キルヒホッフが行ったオーム理論を適用した電気回路についての新たな研究成果（キルヒホッフの法則など）に勇気を得て，オームの仮説であるガルヴァーニ回路中の検電器力分布の正当性，すなわち，回路の2点間の検電器力の差の測定とそれが2点間の抵抗に比例することを精密な測定器具（コンデンサトールとデルマンの電位計）を利用して直接検証することに挑み成功した．（コールラウッシュ「閉じられたガルヴァーニ回路の検電器的特性」(1849年)[2]）

　また，解説者は，このコールラウッシュの実験をアレンジして精密な定量的

な再現実験ではないが，電気回路中での電位分布をコンデンサトール[3]と箔検電器（一種の電位計）との組み合わせで，定性的な分布の様子を調べることができたので，付記で紹介する．

電圧概念は，Iでも述べたように，もともと静電気の分野における電気的張力概念（静電気のスパーク放電の距離などに関連する概念で，オームは検電器力の差と捉えていた）に端を発する．そして，この張力は，当然，静電気的に測定され，ここで記述する「ガルヴァーニ回路中に検電器力が分布する事（すなわち電位分布の存在）の検証」も当然，静電気的に測定された．

さて，コールラウッシュの上記論文より要点を解説もまじえて述べる．第1実験から第6実験まである．そのうちの第1～第5実験までは，実験結果の数値を掲げていない簡単な実験である．第6実験は，第1～第5実験を包含し，実験結果の数値を掲げた詳細な実験である．

測定の基本方法と原理は以下の通りである．閉回路の異なる点での非常にわずかな張力（オームのいう検電器力と同じ意味で使っている）を直接正確に測定するために，デルマンの（高感度）電位計[4]とコンデンサトールを利用した．そして，一般的に次のように行った．同一の金属からなるコンデンサトールの2つの上下板のうちの下の板を，その外部を地中に埋められた同種の電線で完全にアースさせる（電位ゼロ）．この電線の分岐の1つを，閉じて絶縁された回路（金属線）のある点$a$に導く（電位ゼロ＝基準）．それから，上方のコンデンサトール板と回路の他の場所$b$とを金属的に結合させ，場所$b$での張力とコンデンサトールの凝集力（静電容量のこと）にしたがって，電気を充電する．異なるそのような点$b$を調べれば，コンデンサトールの充電の強さは，試験された点での検電器的張力に比例する．また，下方のコンデンサトール板をアースしなくて点$a$と，上方の板を点$b$と結合して測定する事もできる．この方法では，点$a$または点$b$を電位の基準として，その相対的な違いを測定している．後で紹介する解説者の簡易再現実験ではこの方法で行った．この方法によっても，経験によると，電位計が表示しうる限りにおいて同じ結果が正確に得られる．

## 第1実験（電線の横断面積が不変な回路における検電器力分布）

Fig5参照．（これは，論文に載っている図版の番号で，説明の順番に番号が付けられていない）．

非常に細くて長い電線は，ジグザグの形をとって単一回路の閉鎖曲線を成す．電線はピンで，軽い木の枠にすべての巻き（ジグザグの1うねり）が同じ長さを持つように張る．$d$と$e$は導線を接続するための水銀の入った小杯である．

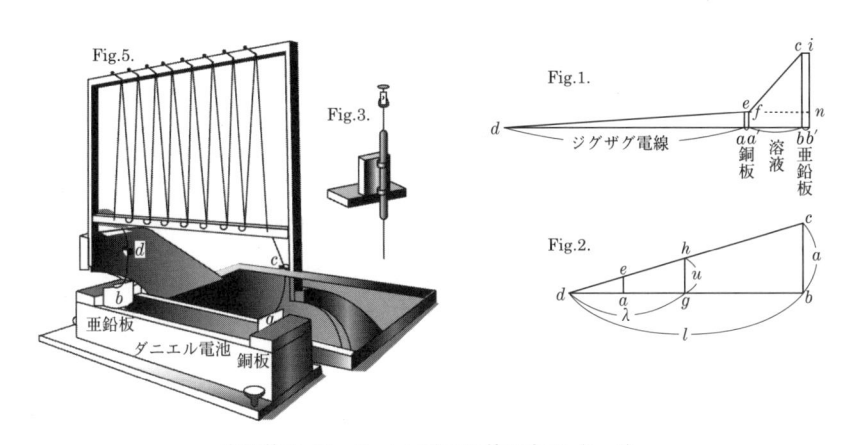

実験装置（3, 5）と回路の電位分布図（1, 2）

a. （省略）

b. 同一の電線長をアース点と測定点との間に置くと，閉曲線（回路）上のどこで試験が行われようとも，電位計は，正確に同一の張力を示す．

a. ある点を絶えずアースして，そこから順次，さらに離れている点を測定すれば，電気（検電器力のこと）が強まり，しかも，その間に置かれている電線長に正確に比例する（後で紹介する筆者の簡易再現実験ではこのことを示す）．ある長さの単位を仮定し，それを使って電線長を測れば，各単位長に応じて電気は同じだけ増大する．そして，この長さの単位によって生じるこの増大を，電気の勾配（落差 Gefäll—現代の電圧降下に相当）と名づけるならば，この実験から以下のことが言える．それは，横断

面積が不変の閉鎖曲線の均質部分では，勾配（落差）は至る所で同一であることである．

**第2実験（太さの異なる同じ種類の電線を2本直列につないだ場合の検電器力分布）**

異なる太さで同じ長さの銀の2本の電線を，アルコールの炎の中で，一端を一緒に融解した後で，ジグザグに形成する．それは，半分は太く，半分は細い電線で成り立ち，この閉曲線によって回路は閉じられる．これから，横断面積の関係が明らかになる．

a. この曲線の両方の部分の個々においては，至る所で同一の勾配（落差）が支配する．

b. 細い電線の一端をアースし，その他端を測定すれば，電位計は強さ $E$ の電気を示し，ジグザグの他の太い方の半分を同様に測定すれば，電気 $e$ を示す．そして，この電気 $e$ は $E$ に，太い電線の横断面積に対する細い電線の横断面積のごとく比例する（すなわち，$e : E =$ 細い方の横断面積 : 太い方の横断面積）．別の言葉では，勾配（落差）は，横断面積に反比例する（横断面積が大きいほど抵抗は小さくなるので，勾配が小さくなるからある）．

c. （省略）

**第3実験（異なる種類の金属の電線を2本直列につないだ場合の検電器力分布）**

閉鎖曲線は，同じ横断面積で，2つの異なる金属から成り立っているとする．しかし，このような電線は，用立てることができず，それゆえ，細い銅電線を太い洋銀電線に半田付けし，それらをジグザグにして，それによって回路を閉じた．あらかじめ，それぞれ個々の電線の抵抗は，ガルヴァノメーターと記録計（抵抗の値を測定するためのホイートストーンブリッジで平衡をとるための抵抗線のことだと思われる）を使って決定された．この閉曲線の1つの端点から他の端点までの電気の漸次的増大については，繰り返し起こり，その上，以下のように起こる．銅線での電気の全増加は，洋銀線での電気の全増加と比例する．その割合は，これらの電線の全抵抗の互いの割合による．した

がって，以下のように主張することは，まったく正当である．

　a．異なる金属だが，同じ横断面積を持つ電線では，勾配（落差）は金属の固有抵抗に比例する．

　b．異なる金属で，横断面積が等しくない電線では，勾配（落差）は，固有抵抗に比例し，横断面積に反比例する．

### 第4実験（ダニエル電池の硫酸銅溶液中での検電器力分布）

　液体の中での検電器的張力の試験に移る．この目的のために，ロウで防水した箱の中で，液体の角柱形のダニエル電池を組み立てる（Fig5で，下方の長方体の箱）．箱の一端に，硫酸銅溶液の中に銅板（右側の $a$）を，それに平行に向かい合って陶器杯（素焼き）の中に亜鉛板（左側の $b$）があり硫酸亜鉛溶液を満たしておく．この図には描かれていないが，箱にかぶせた，黒い鋼鉄の先端（縫い針の先端）を取り付けた2つの板に，銅線が結びつけられ，それは，硫酸銅溶液に浸して，互いに決まった任意の間隔に置くことができる．回路を閉じた後で，浸している電線の一方は，上に備え付けられた端子ねじ（電極）によってアースされ，他方はコンデンサトールに接続される．硫酸銅溶液の中で，互いの試験電線の間隔と共に，同一の電気（検電気力）の一様な増大を示した．

### 第5実験（液体の同一の横断面における検電器力）

　オームの見解によれば，同一の横断面において，至る所同一の電気的張力が支配するはずである．固体，例えば，電線においては，この主張の試験はできない．それは電線は金属なので，当然，試験のための針を電線の中へさし込めないからである．しかし，液体の横断面では，このことは可能である．この目的のために，Fig3が示すように，前の実験と同様なことを行う．液体の中に浸した銅線はシェラック（樹脂）で金属筒に接合され，その下の突き出た端は同様にワニスを塗られる．この（金属）筒は，小さな板にある2つのコルク片の中に，なめらかな摩擦で上下に滑らせる．しかし，その際には，正確に垂直の位置を維持する．とても細やかなヤスリによる，柔らかな摩擦で，試験電線を絶縁している覆いから，試験電線の最先端を剥ぐ．水平の小さな板は，箱の2倍の広さを持ち，横にずらされるので，この仕掛けによって，液体の同じ横断面の各点は，コンデンサトールと接続またはアースされうる．さて，2つのそ

のような試験電線を互いにある一定の間隔に置き，一方をアースし，他方をコンデンサトールで測定すれば，一方または両方の電線を横に動かしても，上げても，沈めても，電線を同一の横断面にとどまらせる限りは，正確に同一の電気力がいつも得られる．

**第6実験（実験結果の数値を掲げ，理論値と比較したより詳細な実験）**

第6実験は，3部に分かれている．1. 測定装置と測定方法，2. 検電器力分布の理論的考察，3. 測定結果と理論値との比較である．原論文にはタイトルは付いていないが便宜上タイトルを付けた．

**（1） 測定装置と測定方法**

先の実験（第1〜第5実験）は，すべての部分において閉回路の検電器的性質に関するオームの見解を立証する．しかし，オームはさらに以下のことも示した．すなわち，彼の理論は，各場所の検電器力を開いた回路の全張力（全電圧）とすべての個々の部分の換算長（抵抗）の知識から，正確に前もって決定できることを教える．このことを，この第6実験で示そうというのである．今，1つの実験を提示する．それは，先の実験を含み，全理論の試験として見なすことができるものであり，それゆえ，測定の結果を少しみておくことが不可欠である．

この実験の配置は，Fig5 より簡単に理解しうる．ダニエル電池の箱の前に，少し離れてコンデンサトールがあり[5]，その2つの間のちょうど良い高さに3番目の水銀小杯がある．コンデンサトールとこの水銀小杯は，この図には挙げていない．さて，回路のある点を検査したいならば，その点をこの小杯と金属的に接続する．そして，電線により，絶縁された取っ手のついたコンデンサトールの上板を同様に小杯と接続する．亜鉛板の上にある水銀小杯 $d$ は，大地と銅線によって電気的に接続しアースするとともに，コンデンサトールの下板に接続しておく．こうして，つぎつぎと，2番目，4番目，6番目のジグザグ電線の下の角（かど），それから，水銀小杯 $c$（8番目の角に相当），最後に箱の中の硫酸銅溶液のいくつかの場所をコンデンサトールで測定する．

**（2） 検電器力分布の理論的考察**

オームの理論によれば，回路の中の電気分布が，どのようになると考えられ

るかが問題である．第1実験～第5実験の結果を踏まえて考察している．

**Fig1** この図は，その性質上最も簡単に考え得る回路での，電気分布を非常に分かりやすくしてある．$db'$ は，1本のまっすぐな直線に引き延ばされた回路の全長と仮定する．それは，横座標の線として利用される．$da$ は，その際，ジグザグ電線を意味し，$aa'$ は銅板を，$a'b$ は液体を表す．その液体については，簡単のために，両方の溶液（$CuSO_4$，$ZnSO_4$）を同様に電気の良導体として考える．また，$bb'$ は亜鉛板を表す．これらの個々の線の長さは，それによって表された回路の部分の実際の長さに比例すると考えられる．この図には，場所の関係で，不完全にしか描写されていない．Fig5の水銀小杯 $d$ と同一の閉鎖導体 $da$ の点 $d$ は，銅線により大地と接合され，同時に，もちろん図に描かれていないが，亜鉛板の点 $b'$ と接合されていると考えられ，このことで，回路が閉鎖する．$b'i$ を銅線と亜鉛板間の電気的差異（電圧に相当）とし，この線を，回路の記号を付けられた4つの部分の換算長の割合に従って分けると，これらの各部分での電気的勾配（落差）が明らかになる．金属板 $aa'$ と $bb'$ の勾配はほとんど0になるはずだから（換算長がほとんど0だから），$b'i$ を閉鎖曲線 $da$ の換算長対液体 $a'b$ の換算長に比例して，$b'n$ 対 $ni$ の比に分けることが必要とされるだけである．それで $ae=a'f=b'n$ とすれば，線 $defci$ は，横座標 $db'$ に設けられるべき，そして，回路の各点での電気的張力を表示しているすべての縦座標と接する．以上が，亜鉛板とそれに接続される銅線間の電気的差異のみを考えた場合の検電器力分布である．なお，$d$ 点をアースしているので，$d$ 点の検電器力は0になっている．

**Fig2** 横座標を回路の部分の実際の長さ（Fig1の場合）からではなく，換算長から形成されるものとすれば，1本のまっすぐな直線は，Fig2の $dc$ のように縦座標の局限として表されるはずだということが分かる[6]．ここで，いかにして，オーム理論の試験が実行されるかを知ることはたやすい．コンデンサトールと電位計の助けを借りて，開いたばかりの回路での電気的差異 $bc$ を決定し，これが $a$，すなわち回路の原動力（Triepkraft）に等しいと分かる．そこで，閉じた回路で，ある点，例えば $g$ 点を測定し，検電器力 $u$（原文の張力 $ul$ はまちがい）が分かる．そして，全回路の換算長 $db$ が $\ell$ に等しく，$dg$ の換

算長が $\lambda$ に等しいならば,

$u = (\lambda/\ell) \cdot a$ となる.

**Fig4　省略**

（3） 測定結果と理論値との比較

実験結果を提示する.

a.　回路の原動力 $a$ は，実験により，数値 8.79 になることが分かる（詳細は省略）.

b.　ジグザグ線が，商用 12 番線のようなとても細い真鍮電線からなり，全長 172.77 インチである．その全抵抗は，記録計にある洋銀線（ホイートストーンブリッジの抵抗線）の 474 インチの長さに相当する．1巻き（ジグザグ電線の1うねり）が正確に等しい長さを持つので，その抵抗は分かる．（8 うねりあるので，1うねり分は $474 \div 8 = 59.25$.）

c.　回路が 2 時間閉じられたままにした後で，回路が開かれ，回路自身の抵抗（ダニエル電池の液体だけの全体抵抗）がガルヴァノメーターと記録計を使って，ホイートストーンの方法により決定し，測定線（洋銀線）の 643.5 インチに等しいと分かる.

d.　電解質溶液の抵抗を測定するホルツフォルトの方法により，開かれた回路では，硫酸銅溶液の 1 インチの抵抗は，測定線の 67.5 インチに等しくなる．2つの金属板（銅板と亜鉛板）は，9 インチ互いに隔たっており，最初の 8 インチは，硫酸銅溶液によってのみ成り立っているので $67.5 \times 8 = 540$，9 インチ目（硫酸亜鉛溶液と亜鉛板が入っている素焼きの陶器杯の中）は，2つの硫酸塩溶液（硫酸銅溶液と硫酸亜鉛溶液）からなる合わせられたインチ数は，$643.5 - 540 = 103.5$ インチの抵抗にしかならない.

e.　閉じられた回路で，水銀小杯 $d$ をアースしたままで，個々の点の検電器力の測定に移る．以下の点を順次コンデンサトールと結んで，各点での電位計の張力 $T$（デルマンの電位計での糸のねじれの張力）を測定する.

　　　$\alpha$.　ジグザグ銅線の下の 2 番目の角（かど）　　$T = 25.2$
　　　$\beta$.　　〃　　　　　　4 番目の角　　　　　　$T = 36.2$
　　　$\gamma$.　　〃　　　　　　6 番目の角　　　　　　$T = 47.1$

δ．銅板の水銀小杯 c の（8 番目の角に同等）　　$T=62$
ε．銅板から 2.02 インチでの
　　硫酸銅溶液　　　　　　　　　　　　　　　$T=84.7$
ζ．銅板から 4.02 インチでの
　　硫酸銅溶液　　　　　　　　　　　　　　　$T=103.3$
η．銅板から 6 インチでの
　　硫酸銅溶液　　　　　　　　　　　　　　　$T=123.3$
θ．銅板から 8 インチでの
　　硫酸銅溶液　　　　　　　　　　　　　　　$T=147.2$

検電器力 $u$ は $T$ の平方根に比例するので，これらの $T$ の値から平方根を出し，コンデンサトールは，その本性により電気を常に数値 4.17 だけ大きく生じさせるので，これらの平方根すべてから，数値 4.17 を引かなければならない．そうやって出した数は，下表にあり，その欄には，「測定された $u$ (u beobachtet)」（実験値 $\sqrt{T}-4.17$）と書いてあり，もう一方の「計算された $u$ (u berechnet)」欄の値（理論値）は，式 $(\lambda/\ell)a=u$ から，実験 $a, b, c, d$ で得られた結果，すなわち，$a=8.79$，ジグザグ電線の 1 うねりの換算長 $\lambda=59.25$，$\ell=474+643.5=1117.5$ を使って出したものである[7]．なお，数値のコンマは，ドイツでは小数点を意味する．

**回路各点における検電気力の実験値と理論値**

|   | λ | u berechnet | u beobachtet |
|---|---|---|---|
| α | 118,5 | 0,93 | 0,85 |
| β | 237 | 1,86 | 1,85 |
| γ | 355,5 | 2,80 | 2,69 |
| δ | 474 | 3,73 | 3,70 |
| ε | 610,3 | 4,80 | 5,03 |
| ζ | 745,3 | 5,86 | 5,99 |
| η | 879 | 6,91 | 6,93 |
| θ | 1014 | 7,98 | 7,96 |

以上の結果から，コールラウッシュは，以下のように述べている．

「これらの数字を眺めると，式の正当性に関するいかなる疑念もまったく消えるに違いないが，まだ，極めて正確な一致が欠けているのである．それでも，式の正当性は，実験の各回に電位計で，その測定を1回だけしか行わなかったことを考慮するならば，重要なことである．（彼は，「1回だけでもこのような一致があるのだ」と言いたいのだ．）もしも，それ自体絶対的に定常的な回路が構成できるならば，できる限り素早く実験列（群）を終えるようなことは関係なくなり，いくつかの実験の平均から，おのおのの $u$ を引き出すことができるので，その一致は，さらに良くなるだろう．なぜならば，コンデンサトールは，また，より少なくではあるが電位計は，多かれ少なかれその指示が変動するからである．」

### オームの理論の正当性

最後に次のように結んでいる．「この全体系は以下の仮説に基づくものと思われる．つまり，電流は，回路の横断面から横断面への電気の実際の前進に基づくものである．このことは，仮説とうまく折り合っている．しかし，この正当性に関しては，疑うかもしれない．回路の全範囲に渡って，電流と検電器的電気の分布のより密接な関係はすでに存在する．それは，両者（電流と検電器電気力の分布）は，同じ方法で，換算長に依存しているからである．そして，事実に基づくこの関係は，たとえ，電流の実体を電気の実際の前進の中に認めないとしても，常に成り立つのである．この確かにいくらか物質的な仮説の代わりに何をおいたとしても，それは，どんな原動力であろうか．これによって，磁針は振れ，電線を光り輝くまで熱し，著しい化学的親和力にうち勝つのである．もし，オーム理論がなす事よりも，もっと成果を挙げたいならば，回路の張力現象を同時に解明することをやらざるを得ないであろう．そして，その点に関して，オームの理論は，今のところ無条件に，真実に最も近いものである．」つまり，彼は，「オームの理論（仮説）は正しかったのだ」と言っているのである．

## 文献と注

1) 当時，不導体における検電器力分布は定性的に調べられていたが，金属線においては同様なことがそもそもできないと考えられていたようである．
2) R. Kohlrausch: "Die elektroskopischen Eigenschaften der geschlossenen galvanischen Kette" Poggendorf's Annalen der Physik 78 (1849), p.1~p.21
3) Ⅰの文献の注6) 参照
4) Hoppe. E: Geschichte der Physik, Friedr. Vieweg & Sohn, Braunschweig, 1926, p.361~ p.362によると，クーロンの捻ればかりを応用したものらしい．糸でつり下げられた帯電球が，静電気的な力を受けて回転する時の，捻れの張力を測って電位を求めるものと推測される．参考文献によると，デルマン電位計の発明に関する論文がAnnalenの1841年・1842年・1843年の論文に載っている．
5) この実験で使ったものかどうか分からないが，p.40の装置（Fig.7）がコンデンサトールである（2枚の円盤状のもの．上板が3本の糸で吊り下げられている）．装置の図や説明は以下の論文に載っていた．
   R. Kohlrausch: "Der Condensator in Verbindung mit dem Dellmann'schen Elektrometer" Poggendorf's Annalen der Physik 75 (1847), p88~p98
6) 横座標を換算長に比例してとれば，電流が一定なので，単位換算長あたりの勾配（電圧降下）はどこでも一定になり，検電器力の変化は一定の勾配の直線になる．
7) 例えば，$a$の位置（ジグザグ電線の2うねり目の位置）での$u$の理論値は，その換算長$\lambda=59.25\times 2=118.5$なので，$u$の理論式を使って$u=(118.5/1117.5)\times 8.79=0.93$．測定値は，$\sqrt{25.2}-4.17=0.85$．以下，同様である．

# III

# 検電器力，起電力，静電ポテンシャルとの関連性を示すコールラウッシュの実験およびキルヒホッフの理論的証明

Ⅰでは，オームは電気回路の導線の中に連続的に検電器力の差（張力）があることを仮定し，それによって電気粒子が動かされ一定の電流が流れると考えた．そして，この静電気的な概念である張力 $A$ と動電気的な概念である電流 $S$ を統合させて，オームの法則 $S=A/L$ ($L$：換算長) を導くことができたことを述べた．

Ⅱでは，オームが上記の理論を発表（1827年）してから22年後，コールラウッシュは，オームの仮説であるガルヴァーニ回路中の検電器力分布の正当性を，コンデンサトールとデルマンの電位計とを組み合わせた測定器具を利用して精密な検証実験に成功したことを述べた．

そして，ここⅢでは，オームの言う検電器力，起電力，静電ポテンシャルとの関連性を示した論文2編の要点を述べる．まず，コールラウッシュによってなされた「色々な電池に対して，回路を開いて静電気的に（コンデンサトールとデルマンの電位計を使って）測った電池の両端の電気的張力は，回路を閉じた場合にガルヴァノメーターで（動電気的に）測定した起電力に比例する（数値的に相対的対応を示す）」ことを示した実験的論文（1848年）について述べる．次に，キルヒホッフによってなされた「オームの法則が静電気の理論で導出できること，すなわち，オームの検電器力が静電ポテンシャルと同一のものであること」を理論的に導いた論文（1849年）について述べる．これで，電圧概念の形成に関することは一応完結する．

## 1. コールラウッシュの実験的論文

表題は,「起電力 (elektoromotorische Kraft) は,開いた電池の極における検電器的張力に比例する」である[1].冒頭で,「表題で提示された主張の正当性は,確実にほとんどの物理学者によって暗黙のうちに受け入れられたが,その直接的な確認は計測器の不完全さのために試みることができなかった.デルマンの電位計と先の論文[2]で述べたコンデンサトールとによって,今や,その証明はこの主張の正当性に対する疑義がもう生じることはないような精確さでできる状況にある」と述べ,以下,正確な実験をするための注意や方法を詳細に記述している (詳細は割愛).

まず,開いた電池の極における検電器的張力の測定では,以下のようにする.下図で,右側にあるのが電池 ($z$ と書いある 2 板の金属板が入っている容器),左側の 2 枚の円板がコンデンサトール.これらの途中にある支柱に取り付けられたものが張力と起電力の測定を切り替えるためのシーソースイッチである.まず,上下のコンデンサトール板を接触する.この状態で,電池の両極と上下のコンデンサトール板を接続して荷電する (1/2 秒).そして,一定距離引き上げる.この時の張力をデルマンの電位計で測定する.デルマンの電位計はこの図には書かれていないが,この図の左側にあるものと思われる.

次に,電池の起電力の測定は,以下のようにする.シーソースイッチから垂れ下がっている 2 本の電線 $p, p$ (下図で途中寄り合わされて 1 本に見える) に,レオシュタット (抵抗線をコイル状に巻いた可変抵抗器) とガルヴァノメーターをつなぎ,電流を流す.起電力の測定はホイートストンの方法によって行った.すなわち,ガルヴァノメーター (電流計) の磁針を 50 度〜40 度へ振らせる (電流を減少させる) ためのレオシュタット巻き (抵抗値) を数えるのである[3].

色々な電池についての測定結果は,下記の表の通りである.ここで,電池の張力については,デルマンの電位計による振れ角の測定によるものと,他に,毎回,竿秤の竿を 30 度にするために必要なねじれの測定[4]によるものの 2 つ

の結果を報告している．すなわち，振れ角と表（振れ角と張力との換算表[5]）によって決定された電池の張力は Tab Ⅱ の欄で分かり，ねじれの実験によって見いだされた電池の張力は，$\sqrt{t}$ の欄で分かる．これらすべては，単位について異なる尺度を持っているのであるから，数的結果を比較するために，ねじれの平方根は全部 1.0239 倍に，振れ角と表によって決定される値は，全部 1.8136 倍にする[6]．

| 電池の記述 | 起電力 | 開いた電池の張力 Tab. Ⅱ | $\sqrt{t}$ |
|---|---|---|---|
| 1. 亜鉛板は硫酸の中—白金板は比重1.357の硝酸の中 | 28.22 | 28.22 | 28.22 |
| 2. 亜鉛板は硫酸の中—白金板は比重1.213の硝酸の中 | 28.43 | 27.71 | 27.75 |
| 3. 亜鉛板は硫酸の中—木炭板は比重1.213の硝酸の中 | 26.29 | 26.15 | 26.19 |
| 4. 亜鉛板は硫酸の中—銅は硫酸銅溶液の中 | 18.83 | 18.88 | 19.06 |
| 5. a. 銀はシアンかカリウム溶液の中—食塩水—銅は硫酸銅溶液の中 | 14.08 | 14.27 | 14.29 |
| b. 同様，より遅く（測定） | 1367 | 13.94 | 13.82 |
| c. 同様，さらに遅く（測定） | 12.35 | 12.36 | 12.26 |

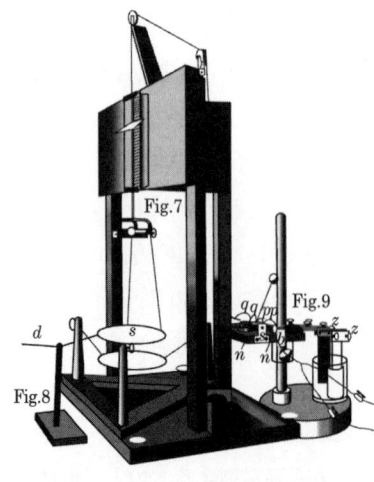

コールラウッシュの使ったコンデンサトール（Fig.7）

この数値を一見すると，「起電力は，開いたばかりの電池の張力に比例する」ということが分かる．そして，コールラウッシュは，この実験をとおして，「閉じた電池の張力と起電力は同じ根源を持つ」とも述べている．

以上のように，現代からみればこのコールラウッシュの論文が，「起電力（電池の電圧）は電池の張力（検電器力の差）であること」を実験的に見いだしたものと見ることができる．なお，Ⅱで述べた論文（1849年）はこの論文（1848

年)より後であり，この論文の成果から，IIの論文で述べたように電池を接続した回路の導線各点での検電器力の測定へと発展していったのかもしれない．

## 2. キルヒホッフの理論的論文

表題は，「静電気理論に連結するオームの法則の演繹」[7]であり，キルヒホッフは「ここで示す私の意図（目的）は，いかにしてオームの公式が，電気微粒子の相互の反発に対する静電気の法則から導かれるか」を示すことにあると述べている．すなわち，「オームの法則が静電気理論から導けること」，つまりは「オームの検電器力が静電ポテンシャル（電位）である」ことの理論的証明である．そして，以下そのことを示すのである．

オームはガルヴァーニ回路における彼の電流法則の導出において，電気についての仮定をしたが，それは静電気的現象を説明するためになさなければならない仮定とは調和しない．すなわち，電気が導体の体積に一様な密度で満たされているならば，電気は導体中では静止しているとする仮定である．電気の流れを支配する法則が，静電気の理論に連結する考察から導かれることが望ましいと思われるのであれば，流れている電気だけでなく静止している電気に関わっている実験（例えば，IIで述べたコールラウッシュによる閉回路についてコンデンサトールと電位計を用いて行われたような実験）によって，満足させうる理論を得ることが必要である．

そこで，2つの異なる導体が接合して電気的平衡状態になった場合について，以下のことを仮定する．すなわち，自由電気（導体表面に存在する電気の意味で使われているようである）によるポテンシャルは形には依存しないし，ポテンシャルは両導体の張力と呼ばれる大きさであるとする．第1の導体のある点での全自由電気のポテンシャルを$u_1$で，第2の導体でのそれを$u_2$で表す．しからば，$u_1$ならびに$u_2$は一定であるに違いない（平衡条件より）．さらに，$U_{1,2}$を両導体の張力とすれば，

$$u_1 - u_2 = U_{1,2}$$

に違いない．3つの異なる導体を接合したときも同様．

一方，もし，この条件が満たされないならば，何が起こるのか調べる必要がある（平衡ではない場合）．この場合，ある瞬間に，自由電気の分布は，系の中で，ある一定の分布になるだろう．この自由電気が，ここで導体の表面だけにあるのか，導体内部に入り込むのかどうかは，決定しないでおく．自由電気のポテンシャルは，1つの導体のある点について$u$であるとする．この$u$は，一定ではなく，その点の座標の関数である．それゆえ，自由電気から導体内のある場所に存在する電気微粒子へ及ぼされる力は，平衡を保つのではなく，ある定まった合力をもたらす．導体内に体積要素$v$を考え，$v$の中のある点での合力を$R$で表す．

① もし，$v$の中に自由電気が存在しないならば，そこでは中性電気流体（正と負の電気が結合したもの）が分けられる．正電気は$R$方向に，負電気は$R$の反対方向へ運ばれる．その際には，要素$v$の中で動かされる正と負の電気の量，そして同様に，その速度は等しいに違いない．そして，流体が単位時間に，$v$の横断面を通って動かされ，その横断面は$R$の方向に垂直に違いなく，その横断面の大きさを$dw$と記すならば，一方あるいは他方の流体の量は，

$$= dw \cdot k \cdot R$$

となる．ここで，$k$は物体の伝導率を表す．

② また，もしも，$v$が自由電気を含むならば，この場合，何が起こるかを決定するために，以下のことを仮定をする．導体内の電気流体の運動は，まったく以下のようにしかおきないとする．すなわち，各表面要素を通して，同じ時間に，両電気の同量が互いに反対側へ流れる．このことから以下のことが分かる．たとえ，$v$が自由電気を含むとしても，$dw$を通して，単位時間に，負電荷が$R$の反対方向に流れるのと同じ量の正電気が$R$の方向に流れる．$dw$を通して流れる電気の量に関しては，今一度

$$= dw \cdot k \cdot R$$

であると仮定する．この仮定は，大部分がすでにウェーバーによって，彼の電気力学的測定の中で述べられていたのであるが，この仮定にさらに以下のことを付け加える．すなわち，2つの導体の接合面の互いにこちら側

とあちら側の近接する2点について，全自由電気のポテンシャルの値の差は，同じにとどまるとする．たとえ，電流が，導体を通って流れようとも，電気が導体に静止していようとも．実際に，$R$（合力）の方向を持つ要素$dw$（横断面積）の法線を$N$とすると，

$R = -du/dN$

となり，これは現代では電場$E$に対応する．また，$dw$を通して単位時間に流れる正または負の電気量は，

$-kdwdu/dN$

となり，これは現代では電流密度$J = kE$に対応する．$u$が検電器力を表すとするならば，オームの概念から，上の量に対して同じ式（オーム第3論文（a）式$kwa/\ell$）を得た．上の表現から，$u$の意味について詳細に調べることなしに，以下のことが推論できる．すなわち，系の状態が定常になったならば，導体内で$u$は微分方程式

$d^2u/dx^2 + d^2u/dy^2 + d^2u/dz^2 = 0$

を満たさなければなことなどが分かる（この式はラプラスの方程式．すなわち，考えている空間内に電気が存在しない場合の空間表面の$u$が満たす方程式）．この条件に，さらに以下の条件が付け加えられなければならない．すなわち，2物体の接合表面の各点に対して，$u - u_1 =$両物体の張力になることである．

こうして，$u$について，オームの仮定からでも，ここで行った静電気に関する仮定からでも電流に関して同一の結果を得た．しかし，回路の自由電気の分布に関しては異なる見解であった．すなわち，オームによれば，系の各点での$u$の値は，直接，電気密度を示すのであり，ここで展開された静電気理論における見解とは違う．すなわち，静電気理論では，$u$は一方の導体の内部で，微分方程式

$d^2u/dx^2 + d^2u/dy^2 + d^2u/dz^2 = 0$

を満たすので，$u$はこの導体の外部にある電気量のポテンシャルに違いなく，つまり，電気密度ではなくすべての自由電気のポテンシャルである．この自由電気のいかなる部分も導体の内部にはあり得ない．すなわち導

体の表面だけに存在する．ここで試みられた考察は，互いに接合された導体がどんな数，形や配置であろうとも有効である．また，この考察は，以下の場合でも有効である．それは，コンデンサトールの1つの極板が閉回路の1点で接合された，先に引用されたコールラウッシュの実験の理論を与える．この考察が提供する結果は，この実験結果とより完全に一致する（電気が表面にしか現れないことなど）．

以上のように，キルヒホッフは，あらわに「オームの言う検電器力は，静電ポテンシャルと同一である」とは言っていないが，現代から見ればそのように理解することができる．また，このことと先のコールラウッシュの結論（p.40）とを組み合わせれば，現代のように電圧は静電ポテンシャルの差であることになる．

### 文献と注

1) R. Kohlrausch: "Die elektromotorische Kraft ist der elektroskopischen Spannung an den Polen der geoffneten Kette proportional", Annlen der Physik 75（1847），p.220~p.228

2) 以下の論文と思われる．
R. Kohlrausch: "Über das Dellmann'sche Elektrometer" Annlen der Physik 72（1847），p.353~p.405

3) ここで言うホイートストンの方法とは，原理的には，以下のように推測される．電池の起電力 $V$，ガルヴァノメーターの振れが50度の時のレオシュタットの抵抗を $R$，この時のガルヴァノメーターが指す電流を $I$ とすると，$I=V/R$．また，ガルヴァノメーターの振れが40度の時のレオシュタットの抵抗を $R'$，この時のガルヴァノメーターが指す電流を $I'$ とすると，$I'=V/R'$．$I-I'=V(1/R-1/R')$ より，起電力 $V$ が算出できる．

4) デルマンの電位計については，構造を示した図がまだ見つからない．原理的にはクーロンばかりのようなもので，ここで言うねじれの測定とは帯電球を吊り下げている金属線の捻れの応力を指すものと思われる．

5) 文献2) p.385の表のTab II欄に換算値が載っている．

6) いろいろな電池について起電力と張力は相対的に対応しており，これらの数値を一致させるための操作と思われる．

7) G. Kirchhoff: "Über eine Ableitung der Ohm'schen Gesetze, welche sich an die Theorie der Elektrostatik anschliest", Annlen der Physik 78（1849），p.506~p.513

# IV
## 総　　括

　以上述べてきたことから，電圧概念は次の順番で形成されていったとまとめることができる．

　まず，電圧概念はもともと静電気の分野における電気的張力概念，すなわち静電気のスパーク放電の距離などに関連する概念に起源を持つ．電池が発明されると，この張力概念がそれにも適用され，ヴォルタなどは電池の張力（両極に分離した電気）を静電気的に検電器の箔の開きで測った．

　オームはこの検電器で測れるものを検電器力と名づけた．これは，静電気的な概念で現代の電位に相当するものであり，その2点間の差を電気的張力（現代の電圧につながる）とした．そして，この検電器力が電気回路にも分布する事を仮定してオームの法則（電流法則）を導いた．この仮定はフーリエの熱伝導理論（熱は温度差によって移動する）とのアナロジーからなされたものであり，電気回路の導線の各点においてもこの検電器力（温度に対応）をもっており連続的に一様に変化して（その差が一定に）分布していると仮定した．この考えはオームが初めてである．そして，検電器力は電池の両極では不連続的に変化し，その検電器力の差が電池の張力（現代の起電力＝電圧）であるとした．先に見たように，オームの第3論文や主著の大部分は，こうした検電器的現象（静電気的現象）の理論的研究にあてられていた．こうして，オームは，電気回路の導線の中に連続的に検電器力の差（張力）があり，それによって電気粒子が動かされ，一定の電流が流れると考えた．そして，この静電気的な概念である張力 $A$ と動電気的な概念である電流 $S$ を統合させて，オームの法則 $S=A/L$（$L$：換算長＝抵抗）を導くことができた．これもオームの独創性であった．あたかも，量子論確立前の前期量子論を彷彿とさせるものがある．

オーム以後，コールラウッシュによって，電池の電気的張力（静電気的に測定）と起電力（ガルヴァノメーターで測定）との同一性が実験的に示唆され（1848年），さらにオームが仮定した「検電器力が電気回路各点にも分布していること」が直接検証された（1849年）．

最後に，キルヒホッフによって，静電気理論からオームの法則が導けることから，オームの検電器力が静電ポテンシャル（電位）と同一のものであることが理論的に示唆された（1849年）．なお，検電器力と静電ポテンシャル（電位）とが同一であることは，ポテンシャル理論の発展やエネルギー保存則の確立（1840年代）にも関連しているものと思われる．例えば，ヘルムホルツの論文『力の保存についての物理的論述（1847年）』（ヘルムホルツ著・矢島祐利訳『力の恒存』，岩波書店，昭和24年，p.46~67）を見ると，「5 電気現象の力当量」の節で，静電気のポテンシャルを定義している．そして，これを使って，コンデンサーに蓄えられるエネルギーなどの計算をしている（静電ポテンシャルの差に比例）．また，ガルヴァーニ電流について，力の保存に関連して主としてジュール熱の発生についてオームの法則を利用して考察している（起電力に比例）．

以上のようにして，電圧概念は，**検電器力の差（張力）＝電位の差（電圧）**として実験的にも理論的にも明確になっていったのである．電圧概念形成の流れを簡単にまとめると以下のようになる．

静電気（帯電体）の電気的張力→電池の張力（両極に分離した電気）→電池の両極だけでなく回路上でも検電器力が分布→電池の両端の検電器力の差（張力）＝起電力→オームの検電器力が静電ポテンシャル（電位）と同一→検電器力の差（電気的張力）＝静電ポテンシャルの差（電位差）→現代の電位差＝電圧概念の確立．ちなみに，ドイツ語では電圧や張力を共に **Spannung** という．

## 付　記

## 電気回路における検電器力分布の簡易（定性的）再現実験の試み

コールラウッシュのような精密な定量的実験ではないが，電気回路中での電位分布の様子をコンデンサトールと箔検電器（一種の電位計）との組み合わせで，定性的に調べることができたので紹介する．

**実験装置（右写真参照）**

① コンデンサトール：下の板はアルミ板（30cm×22.5cm，厚さ1mm），上の板はクッキーの蓋（直径22cm．塗料（誘電体）が塗られている．リード線を接続するために塗料を一部剥ぐ）．コンデンサトールの上下の金属板を密着させた状態から，上の金属板を一定の間隔まで上げるための（電位の増幅率を一定にするための）仕組みを木材で作った．

**再現した実験装置**

② 箔検電器：瓶の底面の直径10cm，高さ15cmの円筒形のガラス瓶の中に箔が2枚ある典型的なもの．一方の箔の開きを読むために，瓶の下に，目が1mmの方眼紙を敷いた．それは，電位は箔の開きの角度に比例するのではなく，理論的には開きの距離に比例するので[1]，箔の下端がはじめの位置からどれだけ移動したか（水平距離）を測定するためである．

③ 電源：電源装置（直流 20V を使用）

　本実験で使ったコンデンサトールの性能では，乾電池（1.5V）程度の電圧の変化をはっきり識別できなかった[2]．そこで，変化をはっきり識別できるようにするため 20V を利用した．なお，コールラウッシュの使った電源は，ダニエル電池で約 1.1v である．このことを考えると，彼の使った測定装置が 0.1V 程度の変化まで検知できる高感度なものであったことが分かる．

④ 回路の抵抗線：電熱線（300w，長さ 25cm．20V をかけると熱くなり抵抗が変化するのでもっと W 数の小さな電熱線の方が望ましい）．電熱線を 4 等分した点にマジックで印を付けておく．電源装置につなぎ，20V をかけると，電圧計で約 5V を示す点－マイナス極側の端から 1 番目の点，10V 点－2 番目の点，15V 点－3 番目の点，20V 点－4 番目の点＝プラス端．

**実験方法**

① 各回の測定の前には，必ずコンデンサトールの上下板を指で触れ電気を逃しておく→上下板の間隔を変化させても，箔検電器の箔が動かないことを確認する→上下板を合わせる（箔が閉じている状態）．

② はじめに，電熱線のマイナス端をコンデンサトールの上板に，20V 点を下板にリード線でつなぎ，コンデンサトールを充電する（その後リード線をはずす）→上板を一定の距離引き上げる→箔が開く→箔の開き（一方の箔の下端が動いた水平距離）を方眼の目盛りで読む（mm の位までしか読みとれない）．

　なお本実験ではコンデンサトールの上板を 4.8cm 引き上げた（箔の開きの角度約 60 度）．これ以上，引き上げると箔が開き過ぎて湾曲し，測定値が不正確になる恐れがある．

③ 以下，①②同様に，15V 点，10V 点，5V 点を測定する．

④ 測定 2 回目は，逆に，5V 点，10V 点，15V 点，20V 点の順に測定する．

## 実験結果

| 電熱線の位置 | 箔の開き (mm) ∝電位 | |
|---|---|---|
| | 1回目 | 2回目 |
| 1番目の点（ 5V点） | 4 | 3 |
| 2番目の点（10V点） | 9 | 9 |
| 3番目の点（15V点） | 13 | 13 |
| 4番目の点（20V点） | 18 | 17 |

2005年8月30日（火）3:30~3:46　気温29℃，湿度47%

電線上の位置と箔の開き

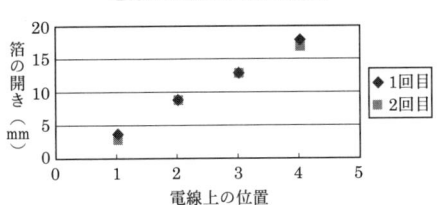

（1＝約5V点，2＝約10V点，3＝約15V点，4＝約20V点）

## 評価

予備実験を含めて数回実験を繰り返したが，再現性は良かった．定性的に電位が大きくなっていることが視覚ではっきり捉えることができた．また，上記のようにグラフ化すると，電熱線上の位置と箔の開き（電位）とがほぼ比例関係にあることが分かる．デルマンの電位計のような精密な測定器を使わなくても，この程度の簡単な装置でも比例関係が捉えられたことは予想以上であった．

注
1) 箔に働く重力（鉛直下向き）とクーロン斥力（水平方向）の合力方向に箔が開く．電位はクーロン斥力に比例する．したがって，箔の水平方向の振れ幅を調べれば，電位の相対的な大きさが分かる．
2) 最初，クッキーの蓋の代わりにアルミ板にビニールを張ったコンデンサトールを使用した．感度は，クッキーの蓋より数倍良いようだったが，測定結果が不安定なことがあった（原因は不明だが，ビニールの電荷が周囲の物的・人的状態に影響されるようだ）．また，使い捨てのプラスチック製コップにアルミホイルを巻き付けたもの2個を重ねて使用してみた．これは，感度がさらに良いがやはり測定結果が不安定なことがあった．今後，感度が良く，しかも測定結果が安定しているコンデンサトールを開発し，1V以下の電位を測ることができるようにしていきたいと思っている．

# 第 2 部

オーム第 3 論文・主著（翻訳）

# I

## 第3論文「ガルヴァーニ電気力によってもたらされた検電器的な現象についての試論」

p.459

　先日，私はシュヴァイガーの雑誌[1)]に実験を紹介し，その実験によって，私は1つの電流の理論へとたどりついた〔第1部の第2論文参照〕．この理論は，全く自然で，なおかつ，経験と完全に一致することにより，自然の中に根拠づけられたものとして理解される．それ以来，私は次のことを発見してとても幸運であった．つまり，〔今までとは〕相反する方法で，一般的に承認され，この分野では最も重要な事実，すなわち，我々が**「異なる物体間の電気的張力」**という名前で呼び慣わしている事実とすばらしい思考の媒介物である数学の助けを借りて，ガルヴァーニ回路で作用するすべての要素の内的な関係を解明する2つの法則を発見するという幸運であった．この法則は確定的でかつ非常に単純で，以前に発見されたことをすべて説明し，さらに以前発見できなかったものまでをも包括するように思われる．この法則を，以下に実際に提示し，特別な場合については，それらの法則の適

p.460

用の概略を述べることが，私の目的である．それらの法則の単純ではないはずの導出や類似の自然現象〔熱の伝導〕との関係を詳細に究明することを私は保留した〔主著で説明される〕．そのことについて，まもなくそのために時間が得られることを私はここで望むだけである．

　しかし，ここで，起こりうる誤解をさけるために，次のことを注意する．言及した箇所でも示したように，液体電気回路の液体に現れる変化は，そこでもそしてここでも無視をする．このことは，それがた

いていの場合，考慮を要しない状態にあることから一層の正当性を得る．同様に，次のことも黙っているつもりはない．つまり，私はそれぞれの観念の確証をする意図も，それらの観念の関係を明確に提示する意図もないことである．

1) 各ガルヴァーニ回路で，通常の方法で適用しうる2つの法則は，次の2つの方程式によって手短に表現することができる．

$$X = kw\frac{a}{\ell} \tag{a}$$

$$u - c = \pm\frac{x}{\ell}a \tag{b}$$

ここで，$k$ は伝導率（伝導能力），$\ell$ は長さ，$w$ は均質な角柱状の導体の横断面積，$a$ はその導体の両端に現れる電気的張力[2]，$x$ は導体の部分の長さを表し，この長さは，導体の中で，任意ではあるが定められ，横座標の原点として選ばれた横断面から，導体内の任意に想定された横断面積まで達する長さである．さらに，$X$ は導体の全長に渡り，不変の強さを維持する電流の強さであり，$u$ は $x$ で表される場所に存在し，それ（$x$）と共に変わる，検電器に作用する電気の強さ〔検電気力〕である．最後に，$c$ は与えられた状況によって決められうるもので，$x$ によらない大きさである〔不定定数〕．方程式 (b) の2重の符号（複合）は，横座標の方向を，マイナスからプラスの方向へ進むようにとるか，または，その逆に取るかによって決まる．

2) 方程式 (a) の全く簡単な分析から，特別な法則が導かれ，それについて，私は次のことを強調する．
Ⅰ．電流の強さは，種々の導体の中で，以下の場合全く同じである．つまり，その導体の両端で張力が同じであり，その長さが，横断面積と固有の伝導率との積に比例する場合である．
つまり，

(a) 同じ張力で，同じ伝導率（伝導能力）の時に，もし，長さが横断面積に比例する場合である．

(b) 同じ張力で，同じ横断面積の時に，もし長さが，導体の品質によって決まる値〔伝導率〕に比例する場合である．

II. 同じ伝導率で，同じ横断面積を持つ種々の導体の中で，電流の大きさは，それぞれの導体の両端に現れる電気的張力とその長さとの商に従う．

方程式 (b) の助けを借りて，次のことを確かめることは難しくはない．もし，全導体の代わりに，そのある任意の部分で観察したとしても，I. で表現された法則は有効である．これによって，次のことが可能となる．均質で角柱状の導体のどの部分も，電流の大きさを変えないような伝導率と横断面積の他の導体で置き換えることができる．反対に，異なる伝導率で，異なる横断面積の部分から構成されたどの導体も，全長に渡り，同一の伝導率で，同一の横断面積を持つ他の導体に置き換えることができる．ただし，その長さを，例の法則に適合するように変化させるという条件の下で．このような方法で，方程式(a)は次のように簡単に変更することが許される．

$$X = \frac{a}{\ell} \qquad (c)$$

ここで，次のことを注意しておかねばならない．伝導率や横断面積が基準に選ばれたものから相違する導体の長さまたは部分の長さは，まずはじめに，法則 I. から換算されたと考えねばならない．そこで，この考えている長さ〔$\ell$〕を，私は，これ以後，「**換算長**」と名付ける．

3) 法則 I (**a**) は，最初，ディヴィーによって発見され，その後，バロー，ベクレル，そして私によって確認された．しかし，その際に行われた実験のすべては，個々のそして推測されるように，全導体の比較的に非常に短い部分にしか及ばない．法則 I (**b**) は，ベクレルと私が異なる金属の伝導率に対して取った方法が正当であることを示

す．その際に私は以下のような経験をした．すなわち，同一の金属の導体は，化学的観点で，異なった状況〔温度〕では，異なる伝導能力を持ち得る．もし，このことが確証されるならば，次のことを示唆するように思われる．すなわち，物体の伝導率は，今まで全く顧慮しなかった他の状態に依存しているであろうことである．**法則 II** は，以前，私によって，多くの慎重に行われた熱電池回路での実験から，演繹され，上述のシュヴァイガーの雑誌で，始めてその普遍性が発表された．私がそこで示したと思うが，この法則は倍率器やヴォルタ電堆の理論の基礎をなすものであり，その理論の完成に私はずっと没頭している．**方程式（a）**は，電流の強さに依存しているほぼすべての現象に成り立ち，より一般的な法則の特別な形でもある．

　私は，ここで，**方程式（b）**から，検電器的現象を解く努力をし，ガルヴァーニの驚くべき発見が，先例のない活動でその第一歩から現在まで明らかにしてきた現実の多様性を，この方程式でいかに予見されるか示したい．ここで理論的考察から導かれた法則と経験的考察との完全な一致は，事実この2つは適合しているのだから，次のことに疑念の余地を持たせない．すなわち，実験が不足している領域では，自然に問うて，2つのことを完全に一致させなければならない．

　この簡単な洞察のために，私は，単一回路〔ヴォルタ電堆1枚を導線で接続した回路〕とヴォルタ式組立物〔電堆列〕において，ガルヴァーニ力によってもたらされた検電器的現象を，各々研究しようと思う．

### A）単一回路における検電器的現象

　4）単一回路に有効である方程式（b）は，ひと目で次のことを示す．$u$ で表された検電器力は，導体の等しい長さに応じて等しい大きさだけ変化し，一方の端に向かって，絶えず強くなる．他方の端に向かって常に弱くなって行く．それ故，もし，導体内のある場所で，$u$

＝0 ならば，この場所から，同じ距離隔たった場所では，等しい強さの電気が現れるであろう．それは，一方の側では正の電気が，他方の側では負の電気が現れる．この経験は次のことを教える．電気が自ら現れる所〔電堆〕では，常に両方の電気が同時に等しい強さで現れるし，それ故，次のように仮定しても良い．すなわち，そのままのガルヴァーニ回路の両端〔電堆の両端〕で，つまり電気が起こる所では，これらの力は，相反する等しい大きさで現れるであろう．また次のことが起こるであろう．回路は外部作用によって影響され，回路のある場所で，自然状態とは相違した電気状態になり，この状態は持続する（不変である）かまたは，時間に依存するであろう〔時間的に変わる〕．これ以後，この論文で，以下のことがしばしば起こる．回路のある場所で完全にアースされれば，この場所での検電器力は完全になくなる．このような特別の場合，定数 $c$ はその状況から，常に特定される．

まず，回路を完全にそのままにした場合に目を向けよう．この場合，それについて，言われてきたことによると，$u$ の値は，導体の両端で等しいが，反対の大きさになる．それで，この条件に応じて，定数 $c$ を決め，この際に，横座標の原点を導体の正の端におけば〔座標の方向はプラスからマイナス〕，次のようになる．

$$c = 1/2a \quad 〔x=0 \text{ の時, } u=1/2a \text{ より}〕$$

従って，

$$u = \frac{1/2\ell - x}{\ell} a$$

「それで，このような回路の中央〔$x=1/2\ell$〕では，検電器力はゼロになり〔$u=0$〕，ここから，両端に向かって，漸次一様に大きな値になっていく．すなわち，横座標の原点に向けて正，反対の端に向けて負になり，これらの端で最大状態に達する．それぞれの端では，張力は半分になる．〔$x=0$, $x=\ell$ で，それぞれ $u=1/2a$, $u=-1/2a$〕」

5）方程式（aとb）から，次のことを推測するのは難しくはない．不導体は無限に長い導体と同等であろう．この場合〔回路に不導体を挿入した場合〕，4）で提示された式によって，＋の端から限られた距離の各点では，

$u = +1/2a$

負の端から限られた距離の各点では，

$u = -1/2a$

「もし，回路の内部のある場所に，不導体を挿入したとする．すなわち，回路のある場所で，開かれる時．そうすると＋の端と接続している回路のすべての部分では，電気力は正になり，至る所で，半分の張力に等しい．同様に，－の端と接続している回路のすべての部分では，至る所で半分の張力に等しく，負である．」

6）事象の特性に最も適当であるように，導体を曲げて，いままで隔てて置かれていたと考えられた両端を接続すると仮定する．しかし，以前の張力を恒久的に持続するとする．もし，横座標をこの〔導線の〕周囲上，または，むしろ，上述の形に閉じた導体の形の軸上にとるとすると，すべては以前と変わらない．しかし，次のことを用心しなければならない．横座標は，両端を接続した点から越えていってはならない〔励起点＝電堆の中〕．というのは，横座標のこのような長さに対しては，方程式はもはや正しくないからである．しかし，簡単な考察から，たやすく次のことを確かめることができる．接触箇所を突然飛び越す横座標での方程式から導かれる $u$ の値は，本来の値〔±1/2$a$〕から常に，接触箇所に生じた全張力分〔$a$〕だけ異なり，また，この値分だけ，大きくなるか，小さくなる．この飛躍がプラス側からマイナス側かまたは，その逆に行われるかによって．また，横座標は，全く一般的に，プラスでもマイナスでも色々な大きさがとれ，接触箇所で飛躍が起き，方程式から得られた値 $u$ は，$a$ だけ増やされるか減る．飛躍が，マイナス側からプラス側に行われるか，または，

その逆に行われるかによって．この注意は，重要である．というのは，このことによって，電池の考察が非常に単純になるからである．

7) ある場所で，完全にアースされた単純なガルヴァーニ回路の電気状態に注目する．アースした場所を，$x=\lambda$ とすると，この場所では，$u=0$．この条件に応じた定数を決めると

$$c = \frac{\lambda}{\ell}a$$

他すべてが（4）と同じだとすると，次のようになる

$$u = \frac{\lambda - x}{\ell}a$$

これは，すなわち

$$♀ \quad \frac{\lambda - x}{\ell}a = \frac{1/2\ell - x}{\ell}a - \frac{1/2\ell - \lambda}{\ell}a$$

「単一のガルヴァーニ回路のある場所で，完全にアースがなされると，ある別の場所での検電器力は，両方の力の差になる．この両方の力というのは，そのままの回路〔アースしない回路〕での先ほど考えた場所〔$x$〕とアースした場所〔$\lambda$〕で持つ力である．

それ故に，単一回路の一端がアースされるならば，他端での検電器力は2倍になる.」〔アースしない場合 $1/2 a$，アースすると♀で $\lambda=0$, $x=\ell$ と置き，$a$ となる〕

8) 回路のどこかを開くと，すなわち $\ell=\infty$ とする時，2つの場合を区別できる．$\lambda$ と $x$ の両方が，分離された回路の同一部分にある時は，$\lambda-x$ は常に有限な大きさで，〔♀で $\ell=\infty$〕各点で，$u=0$ となる．また，$\lambda$ と $x$ が分離された回路の異なる部分にある時は，$\lambda-x$ は常に $\pm\ell$ に等しく，それゆえ各 $x$ 点で，$u=\pm a$ である．$u$ は，$\lambda>x$ の時，すなわち $x$ が正端がある部分が属している方の点であるとき，正の値を取るはずである．他の部分において，$u$ は負の値を取るはずであ

る．したがって，「開いたガルバーニ回路の一方の部分のある場所をアースすると，もう一方の部分の各場所での検電器力は，2倍に増大する．」

p.469

9）（6）で述べたことのすべては，ここでもまた応用し，次のことに気づく．$u$の方程式から導かれた値は，$x$点だけでなく，$\lambda$点が接触点を飛び越えるとき，変わらなければならない．$\lambda$点での，その変化は，$x$点でのそれと同じ大きさだが，その種類〔極性〕は反対である．これは，（7）の$\dfrac{\lambda-x}{\ell}a$に対してなされた形式♀からすぐに見てとれる．

10）ガルヴァーニ力のすべての検電器的作用のこれらの基本的現象は，開いた回路に対しては，経験によりすでに十分に確認され，また，閉じた回路に関しては，アンペールの示唆によって，ベクレルが行った実験[3]が1つの無視できない例証を与えた．それで，さらに，これらの基本的現象から，この後で記す電堆列について，導かれた似たような現象は，この部門の専門家によって試みられた実験によって，幾度も確認された．こうして，理論の各部分と経験との完全な一致によってこれらの部分の真実がすでにもたらされたので，私は，これに関しての私のまだ完全には終わっていない実験に移ることができて嬉しく思う．

〔B. ヴォルタ電堆列は割愛〕

注
1) 最新号の次の号で
2) 次のことを書くのはおそらく不要であろう．導体の均質性とわすかに離れた両端に現れる張力を仮定したのは，最も単純な考察ができるようにするためである．
3) Poggendorffs Annalen B. II. St. 2. S. 207.

# II

## オーム主著『ガルヴァーニ回路の数学的取り扱い』

### 序　言

　私は本書によって，読者に一般的な電気学説の特異な部分としてのガルヴァーニ電気の理論を提示する．そして，時間と意欲と条件が許す限り完全なものを目指していくつかのこのような論文を並べるだろう．それも，この最初の論文から得られたものの価値が，そのために私が払った犠牲にある程度見合った場合である．私が今まで生活してきた状況は，日々の無情さ〔日々の雑務に追われて研究に時間がとれない〕の中で私の意欲を新しいものへと奮い立たせることにも，そしてこれは絶対に必要なことであるが，類似する研究と関連しているすべての文献を調べることにも適切とは言えなかった．それゆえ私は，初仕事として競争相手をそれほど気にしなくてもよい領域を選んだ．好意的な読者諸君には，私の論文の出発点である情熱と同じ情熱でこの論文を手に取っていただきたい．

1827年5月1日

ベルリンにて　著　者

## 序　論

　この論文の目的は，2〜3の主に経験によって得られた原理から，電気現象の本質を密接なつながりにおいて導き出すことである．そして，その電気現象とは，2つまたは数個の物体の接触により互いに引き起こされ，ガルヴァーニ電気という名前で呼ばれるものである．もし，このような方法で事実の多様性を統一した思考で捉えられるならば，この目的は成就する．最も簡単な研究から始めるために，手始めに励起された電気が1次元的にのみ移動する場合を取り上げる．この状況は，それにもかかわらず巨大な構造物の骨組みを成し，自然哲学の初歩からより正確で，さらにその近づき易さのためにより一層厳密な形の知識を得ることができる部分を含む．この特別な目的のために，同時に，この問題自身の入門として，簡潔な数学的取り扱いの前に，筋道と結果に関してのより自由だが少なからず関連のある展望を述べる．

　3つの法則について述べる．第1の法則は同一物体内での電気伝播の仕方，第2の法則は周囲の空気中への電気散逸の仕方，第3の法則は2つの異種物体の接触箇所における電気の出現の仕方である．この3つの法則は，論文全体の土台を成し，同時に，完全な論証を必要としない．第1と第2の法則は純粋な経験法則であるが，第1の法則はその性質上少なくとも一部は理論的である．

　第1の法則に関して，以下の仮定から出発する．それは，電気の伝達は，1つの物体構成分子（Körperelement）からそのすぐ隣にある物体構成分子へだけ直接的方法で行われ，したがって，ある構成分子から遠くに隔たった他の構成分子への直接的な移行は起こらない．2つのすぐ隣りにある構成分子間の移行の大きさを，他の状況でそうであるように，2つの構成要素に存在する電気力の差に比例するとした．それは，ちょうど熱学において，2つの構成要素間の熱の移行が，それらの温度の差に比例するとされるのと同様である．このことから

私が分子の作用に関してラプラスによって導入された従来通例な方法からそれたことを見て取れる〔p.96～p.98, p.104～p.106参照〕．そして，私のとる方法が，その普遍性，単純性，明確性によって，ならびに，それが以前の方法の真意に投げかける光によって，自明となることを望む．

p.4　　空気中への電気の散逸〔第2の法則〕に関しては，クーロンによって実験的に見いだされた法則を支持する．その法則によると，空気に取り囲まれた物体の電気の損失は，一定の長さの時間では，電気の強さと空気の性質に基づく係数に比例するのである．しかしながら，クーロンが彼の実験を行った状況と，電気運動についての条件を単純に比較すると以下のことが分かる．それは，ガルヴァーニ現象においては，空気の影響は常に無視されうることである．すなわち，クーロンの実験では，物体の表面に押しやられた電気は，その全範囲に渡って空気中へと散逸する過程に向かっているのであるが，ガルヴァーニ回路の中では，電気はほとんど常に物体の内部を通過し，それゆえ，ほんのわずかな部分だけが空気と相互作用する．それで，ガルヴァーニ回路では，空気中への散逸は，クーロンの場合と比べて極端にわずかになるであろう．諸条件の性質から導き出されたこの推論は，経験によって確証される．この経験の中に，なぜ第2の法則が非常にまれしか話題にならないかの理由がある．

p.5　　電気が2つの異なる物体の接触箇所にどのように現れるか〔第3の法則〕，または，これらの電気的張力を私は以下のように述べた．すなわち，もし，異種の物体が互いに接触すると，それらは常に接触箇所に，検電器力の同一の差を示す．

　　これら3つの法則を関係付けると，任意の形と種類の物体での電気運動が従う条件が挙げられる．このようにして得られた微分方程式の形と取り扱いは，熱の移動に対してフーリエとポアッソンが与えたものによく似ている．そのため，すでにこのことから，たとえ，さらに他の理由がなくても，2つの自然現象間の内的関連について推論する

p.6 ことはまったく正当であり，このことを追求すればするほどこれらの同一関係はますます増加する．この研究は，数学的に最も難しいものであり，一般的な普及は徐々にしか行われないだろう．それで，電気運動の重要な部分において，その特別な性質によって，例の困難さがほとんど完全になくなることは幸いである．これを読者にまず提示することをこの論文は目的とし，それゆえ複雑な場合のうち，移行を明白にするために重要と思われる場合のみ取り入れた．

　ガルヴァーニ装置〔回路〕に一般的に与えられている性質と形から，電気運動を1次元と見なすことができる．また，絶えることのないガルヴァーニ電気の源泉〔電源〕と結合されることにより，電気伝播の速さは，ガルヴァーニ現象〔電流現象〕のたいていの場合において，時間と共に変化しない性質を持つ原因となる．ガルヴァーニ現象を常に助ける2つのこれらの条件，つまり，唯一1次元での電気的状態の変化と，その状態変化が時間に依存しないという条件は，取り扱いに一段階の単純化をもたらす．その単純化は，自然学の他のいかなる部分においてもこれほど大きく該当することはなく，今までほとん

p.7 ど閉め出されていた数学が，物理の新しい分野を占有することを，まったく異論なしに保証することに，大変有用である．そこでこの科学は控えめな誇りを担いつつ，自然に忠実にそして自然と同じく，自らのゆるぎない歩みを進める．そして，時代の矛盾からこの科学にむけられた中傷は気にもかけない．もともとその様な中傷は，芸術に特有の滅びるべき特徴のすべてを初めから備えているのだから．

　ガルヴァーニ回路のだいたいにおいて液体の部分にしばしば起こる化学変化〔分極作用〕は，その作用から自然的純粋性を奪い，その変化が招く複雑さによって，事象本来の経過をはなはだしく隠すのである．すなわち，この複雑さの中に現象の先例のない変動の原因がある．その現象の変動は，法則から多くの外見上の例外や，しばしば反論──この言葉の意味が自然と矛盾しない限り──にきっかけを与える．

p.8 この理由から，化学変化をこうむる部分がないようなガルヴァーニ回

路の考察を，その活動が化学作用によって曇らされるようなガルヴァーニ回路の考察から厳密に区別し，後者のガルヴァーニ回路を補遺〔本翻訳では省略した〕で特別に考察した．1つに属するはずのこの2つの部分の完全な分離と，後者の軽視－そう思われるかもしれないが－は次の事情の中に，その十分な説明理由がある．不朽の名誉と豊かな実りを求める理論は，私には思われるのだが，その高貴な由来を空虚な言葉によって知らしめるのではない．そうではなく，その様な理論は，自然に命を与える魂と自分が類似であることを常に表出の類似性，つまりより高い次元の力に対する人間の戦いの使者を通し，言葉の力を借りることなしに実際に明確にそして完全に証明しなければならない．私が思うに，この証明は，本書第1部に対しては十分であろう．部分的には，他の人の先行実験によって，部分的には，私がここで展開する理論を初めは私に知らしめ，後にこの理論を確信させた私自身の実験によって．本書第2部に関しては，そのような事情にない．第2部には，実験による正確な試験がほとんどまったく欠けている．その試験は，私がするには，必要な時間も必要な手段も欠けていた．それゆえ，私はその試験をただ片隅においた．もし，その試験に価値があるなら，その片隅から適時引き出され，そして，よりよい処方により更なる完成へと導かれるだろう．私の立場では，その試験に対してこの上する事は次のこと以外に何もない．それは，その試験を善良な人々に父親の温かさを持って推薦することである．その父親の温かさは，盲目的な溺愛に惑わされず，自由な開いた目を示唆することで満足するのである．その目で，自分の子供は無邪気に邪悪な世界をのぞき見るのである．

　第1と第3の法則によって，以下のようにして最も重要なガルヴァーニ現象の明白な認識に達する．すなわち，至る所で同じ太さで同質の輪〔回路の金属線〕を考えれば，その輪の1か所では，太さ全体に渡り，同一の電気的張力となる．すなわち，2つの直接に隣り合う平面の電気状態にどんな理由からであろうと差異があれば，電気的

平衡が乱される．そうなると，電気の運動が輪の延長方向だけに制限される場合には，電気は平衡を回復する性向において，その輪の両側に向かって流れ出すだろう．もし，その張力が瞬間的にしか働かなければ，平衡は短時間に回復するだろうが，反対に，張力が持続的であれば，平衡は決してもとに戻ることはできない．しかし，電気はその影響を及ぼすほどには妨げられない膨張力によって，常に感知できないほどの時間のうちに平衡状態に近い状態になり，そこに留まる．その状態においては，電気の持続する運動によって電気が通る物体部分の電気的状態に知覚しうる変化はどこにも生じないのである．熱や光の運動においてもしばしば生じるこういう状態の特殊性は，以下のことにその理由がある．それは，作用圏内にある各物体部分は，各瞬間に，1つの側から別の側へ向かって与えるのと正確に同じだけの動く電気を受け取り，そのため常に同量を保つからである．さて，第1の基本法則によって，電気的移行は，1つの物体構成分子からすぐ隣の物体構成分子へ行われ，その強さに関しては，他に条件が同じならば，2つの構成分子の電気的差異によって決められる．それで，明らかに，太さが全体に一様ですべての場所で同じ性質を有する輪では，その状態が，励起箇所から出発し輪全体に一様に進展し，最後に，再び励起箇所に戻ってくる電気的状態の変化によって現れる．一方，励起箇所それ自体は，仮定されたように突然の張力をもたらす電気的性質の飛躍が定常的に認められる．この簡単な電気分布の中に種々の現象への鍵があるのである．

　輪における電気分布の仕方は，上述の考察によって，完全に決定される．しかし，輪のいろいろな箇所での電気の絶対的な強さは，まだ未定のままである．この特性は，次のことによって最も分かりやすくすることができる．それは，輪を，その性質を変えることなしに，励起箇所で開き，一直線に伸ばしたと考え，各場所での電気の強さを，そこに立てられた垂線の長さ，つまり，縦座標によって図解することである．その際，上へ向けられた線は，その場所での正の電気的状態

を，下に向けられた線は，その場所での負の電気的状態を表すとする．そこで，線AB（Fig1）は，一直線に伸ばされた輪であるとし，ABに垂直な線AFとBGは，その長さによって，端点AとBにおける静電気の強さを表す．さて，FからGへ，線FGを引き，さらに，ABに平行にFHを引くならば，FGの配置は，電気分布の仕方を示し，BG−AFの大きさ，すなわちGHは，輪の両端に現れる張力を知らせる．そして，どこか他の箇所Cでの電気の強さは，Cを通ってABに垂直に引いたCDの長さで，たやすく分かる．しかし，ガルヴァーニ励起の性質によって，張力の大きさ，あるいは，線GHの長さ，すなわち，線AFとBGの差は決められる．しかし，線AFとBGの絶対的な大きさは，このようなことでは決して分からない．それゆえ，〔電気〕分布の仕方は，先の線〔FG〕に平行な他の線，例えば，IKによっても，同様に正しく表される．IKに対しても，張力は常に同一の値を保っており，KNである．なぜなら，現にABの下方にある縦座標は，先とは反対の関係になるからである．FGに平行な数限りない多くの線のうちどれが，輪の本当の状態を表しているかは，一般的には示せない．そうではなくて，むしろ，それぞれの場合に，その際に生じる条件から，個々に決定されなければならない．さらに，以下のことを容易に理解することができる．それは，求められている線はその位置によって与えられるので，その線は，点の中の１つを確定することにより，あるいは換言すれば，電気力の知識によって，輪のただ１つの箇所で完全に決定されるであろうことである．例えば，もし，輪が，箇所Cでアースされ，すべての電気を失うならば，Cを通ってFGに平行に引かれた線LMが，この場合の輪の電気的状態を完全に正確に表す．ここで述べた電気分布の不確定性〔可動性〕に，ガルヴァーニ回路に特有な現象の変わり易さの理由がある．さらに，以下のどちらでもまったく構わないことを付け加えておく．それは，線FGの配置をABに対して決めるか，あるいは，線FGの位置を常に同一にしておき，その代わりに，線ABの配置を線FGに対して変えるかである．この後者のやり方は，電気分布がさらに複

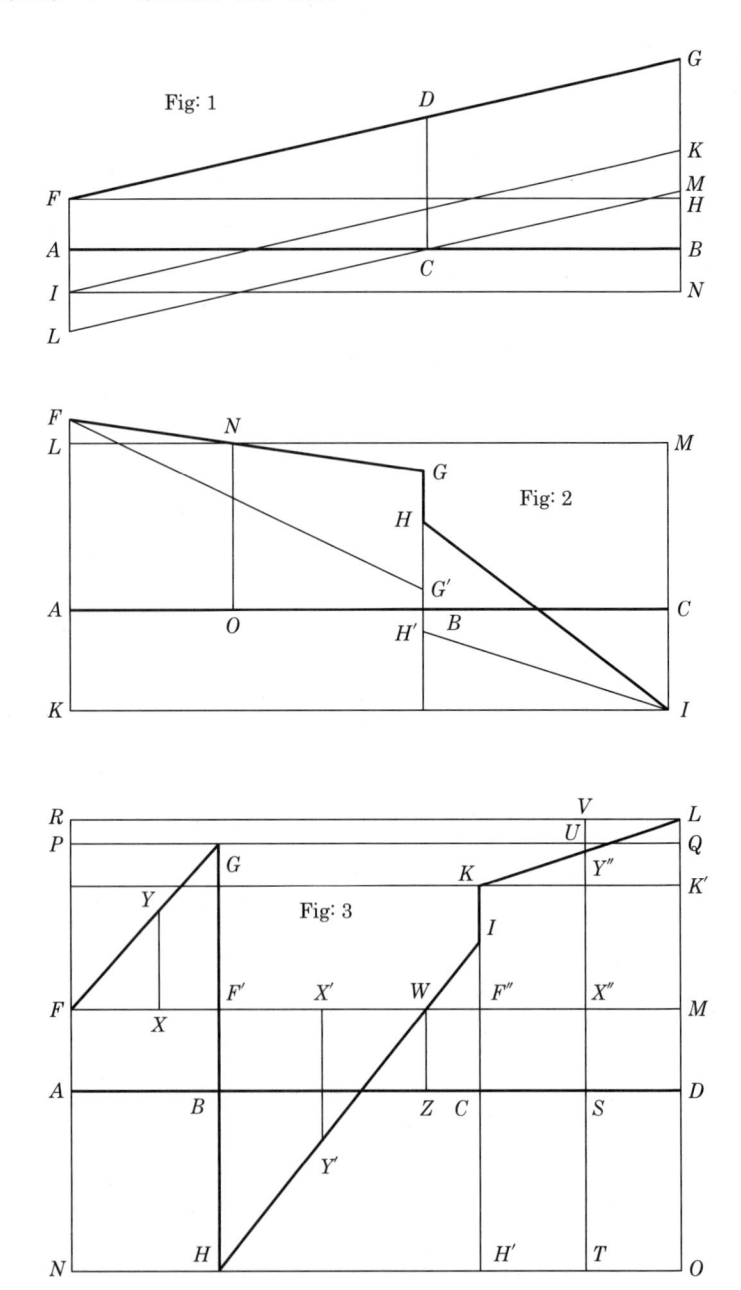

*68* 第2部 オーム第3論文・主著（翻訳）

Fig: 1

Fig: 2

Fig: 3

雑な形をとるような場合には，非常に大きな簡素化をもたらす．

　今述べた，全長に渡り同質な輪に対して有効なこの結論は，もし，異質な部分がそれぞれ同質で至るところ同じ太さでありさえすれば，多くのそのような異質な部分から成り立っている輪にも容易に拡張される．この拡張の例として，2つの異質な部分から成る輪をここでさらに取り扱おう．この輪を先のように，その励起箇所で開き，直線 $ABC$（Fig2）のように伸ばすとする．そうすると，$AB$ と $BC$ が，輪の異質な2つの部分を示すことになる．垂線 $AF$ と $BG$ は，その長さによって，部分 $AB$ の両端に存在する電気力を，これに対して，$BH$ と $CI$ は部分 $BC$ の両端に存在する電気力を，それゆえ，$AF+CI$ または $FK$ は開かれた励起箇所での張力を，そして $GH$ は $B$ での接触箇所に起こる張力を表すとする．さて，定常状態の回路だけを念頭に置くならば，先に述べた理由から，線 $FG$ と $HI$ は，それらの配置によって，輪の電気分布の仕方を知らせるであろう．しかし，線 $AC$ はその場所にとどまるかどうか，あるいは，線 $AC$ をさらに上へまたはさらに下へ移さなければならないかは，不確定のままであり，それぞれの特別な条件に応じてのみ，他の考察によって，決定することができるであろう．例えば，もし，回路の箇所 $O$ がアースされ，このことによって，すべての電気が奪われるならば，$ON$ はなくなり，それゆえ，$N$ を通って $AC$ に平行に引かれた線 $LM$ がこの場合の $AC$ の必須の位置を知らせるであろう．このことから以下のことが分かる．すなわち，電気分布を描写する図形 $FGHI$ に対する線 $AC$ の位置があるときはこの位置，ある時は別の位置ということが，諸条件に適することが分かるし，この点においてすでに述べたガルヴァーニ現象の変わりやすさの根源を認めるのである．

　しかしながら，今の場合の根本的な評価に対しては，さらに，ある1つの条件の考察が根本的に必要である．この条件を述べることは，異なる要素をできるだけ厳密に互いに区別するために今までわざと行なわなかったのである．$FK$ と $GH$ の距離は確かに，2つの励起箇所に

存在する張力によって与えられるのであるが，それだけでは図形 $FGHI$ 〔原文 $FG'HI'$ はまちがい〕はまだ完全には決まらない．例えば，点 $G$ と $H$ を，$G'H'=GH$ となるように $G'$ と $H'$ に向けて下方へ移すことができるであろう．この時には，図形 $FG'H'I$ になるであろうし，この図形によって，たとえそれら個々の張力がそれらの以前の大きさをなおも維持してはいるのであるが，まったく別の電気分布の仕方を示させるであろう．それゆえ，もし，2 つの部分から成る回路について述べられたことが 1 つの意味を持ち，それが勝手な解釈にもはや従うべきでないならば，この曖昧さは，除去されなければならない．この仕事は，次のような仕方で，第 1 の法則を引き継ぐ．すなわち，時間に依存しない輪の状態だけが顧慮されるので，すでに言及されたように，各横断面は，各瞬間に，他方の側に渡すのと同一の電気量を一方の側から受け取る．この条件は，それぞれの場所で完全に同一の性質を持つ輪の全行程に，連続して一様に変化する〔電気〕分布を引き起こす．それは，Fig1 においては直線 $FG$ によって，Fig2 においては直線 $FG$ と $HI$ によって表される．しかし，もし輪を構成する 1 つの部分に対する別の部分の空間的あるいは物理的性質が変化するなら，この連続性と一様性の基礎は失う．それゆえ，個々の直線を互いに完全な図形に結合する方法は，まずは，別の考察から導かなくてはならない．このことを簡単にするために，個々の部分の空間的，物理的相違をそれぞれについて特別に考察したい．

まず最初に，部分 $BC$ の各横断面が部分 $AB$ における横断面より $m$ 倍小さく〔$1/m$〕，2 つの部分が同じ材料でできていると仮定するならば，時間に依存しない輪の電気状態は，輪全体至る所で一方の側から，他方の側へと流れるのとまったく同一の電気が流れ込むことを要求するのであるが，明らかに，以下の条件だけで起こる．それは，同一の時間に，部分 $BC$ の内部において，1 つの構成分子から別の構成分子への電気的移行が，部分 $AB$ におけるよりも $m$ 倍大きいという条件である．なぜならば，こういう方法においてのみ 2 つの部分の作用

は，平衡を保つことができるからである．しかし，この構成分子から構成分子への $m$ 倍大きい電気の移行を起こすためには，第1法則によると，部分 $BC$ の内部において，構成分子から構成分子への電気的差異は部分 $AB$ におけるよりも $m$ 倍大きくなければならない．あるいは，この規定を図で転用するならば，線 $HI$ は，同じ区間で，線 $FG$ より $m$ 倍多く低下するか，$m$ 倍大きな勾配 (Gefäll) を持たなくてはならない．ここで，「勾配」という表現は，単位の長さだけ互いに隔たった2つの場所での縦座標の差と理解されうる．この考察から，次の規則が明らかとなる．すなわち，**線 $FG$ と $HI$ の勾配は，同じ材質からできている部分 $AB$ と $BC$ においては，これらの部分の横断面積と互いに反比例しなければならない．** このことによって，図 $FGHI$ は完全に決められる．

　もし，輪の部分 $AB$ と $BC$ が，同じ横断面を持つが，異なる材料からできているならば，電気的移行は，各部分において，構成分子から構成分子へと移っていく電気的変化だけでなく，同時に，それぞれの材料の特別な性質にも依存するだろう．電気伝播における物体の物質的特性によってのみ制約される相違は，それが各物体の特別な構造，または，電気に対する物体の他の特有な振る舞いに基づくものであろとも，異なる物体の電気伝能力 (Leitungsvermögen) の相違を基礎付けるものである．そして，今の問題それ自身は，このような相違が実際に存在することを知らせ，その存在のさらに詳細な決定にきっかけを与えることができる．実際，2つの部分 $AB$ と $BC$ から成る輪は，2つの部分が，2種の材料からできていることによってのみ同質の輪と区別されるので，2つの線 $FG$ と $HI$ の勾配の違いは，2つの材料の伝導率の違いを知らせるであろうし，一方〔の伝導率〕は他方〔の伝導率〕を決定するのに役立てることができるであろう．このような方法で，定義の役目を果たす定理は以下のようになる．すなわち，**2つの部分 $AB$ と $BC$ が，同じ横断面積で，異なる材料から成る輪において，線 $FG$ と $HI$ の勾配は，2つの部分の伝導率に反比例する．** もし，異なる材料の伝導率

(Leitunngusfähigkeit)〔Leitungsvermögen と同義〕を1度見つけ出したならば，この伝導率は，各場合に，線 *FG* と *HI* の勾配の決定に用いることができるであろう．そして，このことによって，図形 *FGHI* は，完全に決定される．伝導率を電気分布から決定することは，ガルヴァーニ電気の強さがわずかなことと，その測定に必要な器具が不完全なことによって非常に困難である．将来，このことに対して適当な手段が現れるであろう〔1849年，コールラウッシュの実験論文〕．

p.22 　今や，これらの2つの特別な場合から通例の方法によって，一般的な場合へ高めることができる．それは，輪の2つの角柱状部分が，同じ横断面積でもなく，同一の材料からも成り立っていない場合である．この場合，2つの部分を支配する勾配は，それに応じた横断面積と伝導率との積に反比例しなければならない．このことによって，各場合において，図形 *FGHI* を完全に決定することができ，したがって，輪における電気分布の仕方を完全に知ることができるようになるだろう．今まで，2つの異質な部分から成る輪の個々に理解された特性のすべては，次のように総括できる．すなわち，2つの異質な角柱状部分から成るガルヴァーニ回路では，その電気的性質に関して，各励起箇所で一方の部分から他方の部分への突然で，そこに存在する張力を作っている飛躍〔*GH*〕と，各部分の1つの端から他の端までの漸次で一様な〔電気的〕移行〔*FG, HI*〕が生じる．そして，これら

p.23 2つの移行の勾配は，各部分の伝導率と横断面積の積に反比例する．

　このようにして，大きな苦労なくして，3つまたはそれ以上の異質な部分から成る輪の電気的性質を推測できるであろうし，次の一般的法則に達するであろう．すなわち，任意の多くの角柱状部分から成るガルヴァーニ回路においては，その電気的性質に関して，各励起点に一方の部分から他方の部分への突然で，そこを支配する張力を形成する飛躍と，各部分の内部において，一端から他端へ暫時で一様な移行が生じる〔現代では電位変化〕．それぞれの移行の勾配は，各部分の伝導率と横断面積の積に反比例する．この法則から，それぞれの特別

な場合において，これから示されるように，完全な分布図をたやすく導き出される．

　ABCD（Fig3）を，3つの異質部分 AB, BC, CD から成り立ち，その1つの励起箇所が開かれ，1つの直線に伸ばされた輪とする．直線 FG, HI, KL は，それらの位置によって輪の個々の部分の電気分布の仕方を表すものとし，A, B, C, D から AD に垂直に引かれた線 AF, BG, BH, CI, CK, そして DL〔原文 DE は間違い〕は，GH, KI, そして LM すなわち DL－AF はその長さによって，個々の励起箇所に存在する張力を知ることができるような大きさを表すとする．これらの張力の知られている大きさと個々の部分 AB, BC, および CD の与えられた性質から，電気分布の図 FGHIKL が完全に決定される．

　もし，F, H, および K から AD に平行な直線を引き，その直線が B, C, および D から AD に垂直に引いた線を点 F', H', および K' で切るならば，すでに示されたことによって，線 GF', IH' および LK' は，AB, BC および CD の長さに比例し，同一部分の伝導率と横断面積に反比例する．したがって，線 GF', IH' および LK' の互いの比が分かる．さらに，GF'＋IH'＋LK'＝GH－KI＋(DL－AF＝LM) もまた知られている．なぜならば，GH, KI および DL－AF によって示される張力は分かっているからである．線 GF', IH', LK' の与えられた比とそれらの知られた和から，これらの線は，個々に明らかにされ，その場合には，明らかに図形 FGHIKL は完全に決まる．線 AD に対する図形の位置は，状況の性質によってまだ決定しない．

　もし，同一方向 AD に進む際に，張力 GH, DL－AF すなわち LM は，該当の励起箇所で電気力の突然の低下を示し，これに反対に IK は〔電気〕力の突然の上昇を示すことを考慮し，そして，これらの考慮の結果，前者の種類の張力を正の大きさ，これに反して，後者の種類の張力を負の大きさと見なして扱うならば，今取り扱われた例は，次の一般的に正当な規則へと導く．すなわち，**いくつかの部分から成る輪のすべての張力の合計を多くの部分に分けるならば，すなわち，**

部分の長さに正比例し，それら部分の伝導率と横断面積の積に反比例する部分に分けるならばこれらの部分は順に勾配（**Abdachung**）の大きさを示す．その勾配は，個々の部分に属し，電気分布を表す直線を与えなければならない．そして，この際，すべての張力の正の和は，全般的上昇を，それに対して，すべての張力の負の和は全般的下降を示す．

さて，すべてのガルヴァーニ回路で，任意の場所の電気力の決定に移ろう．この際に，再びFig3をもとに置くことにしよう．この目的のために，$a, a', a''$を点$B$，点$C$および$A$と$D$間に存在する張力を表すとすると，この場合，$a$と$a''$は加算的な（additive）線〔正の向きの線〕，これに対して$a'$は減算的な（subtraktive）線〔負の向きの線〕を表し，そして，$\lambda, \lambda', \lambda''$は部分$AB, BC, CD$の長さに比例し，同一部分の伝導率と横断面積の積に反比例するある線を示さなければならない．さらに，

$$a + a' + a'' = A$$

また，

$$\lambda + \lambda' + \lambda'' = L$$

と置くと，今見いだした法則にしたがって，$GF'$は$L, A$および$\lambda$に対する第4比例線〔$\lambda$に対する電圧降下分$GF' = A \cdot \lambda/L$〕，$IH'$は$L, A$および$\lambda'$に対する第4比例線，$LK'$は$L, A$および$\lambda''$に対する第4比例線である．さて，もし，$F$から$AD$に平行に線$FM$を引き，この線を横座標の軸と見なし，任意の点$X, X', X''$に縦座標$XY, X'Y', X''Y''$を引くならば，これらの個々に対して次のことが分かる．

第1に，$AB = FF'$であるので，$AB : GF' = FX : XY$. これから，

$$XY = FX \cdot GF'/AB$$

あるいは，$GF'$に対して，その値$A \cdot \lambda/L$を代入するならば，

$$XY = (A/L) \cdot FX \cdot \lambda/AB$$

$X$を，$AB : FX = \lambda : x$である〔$x = (FX/AB)\lambda$〕性質を持つ線を表すとするならば，

$$XY = (A/L)x$$

第2に，$BC$ と $F'X'$ は，$I$ と $Y'$ から $AB$ に平行に $GH$ まで引かれた線に等しいので，

$$BC : IH' = F'X' : F'H - X'Y'$$

これから以下のようになる．

$$-X'Y' = (IH' \cdot F'X'/BC) - F'H$$

あるいは，$F'H = GH - GF'$ なので，

$$-X'Y' = (IH' \cdot F'X'/BC) + GF' - a \quad \text{〔}GH = a\text{〕}$$

ここで，$IH'$ と $GF'$ の代わりに，その値 $A(\lambda'/L)$ と $A(\lambda/L)$ を置くならば，次式が得られる．

$$-X'Y' = (A/L)(\lambda + F'X' \cdot \lambda'/BC) - a$$

そして，$x'$ で，

$$BC : F'X' = \lambda' : x' \text{である} \quad \text{〔}x' = (F'X'/BC)\lambda'\text{〕}$$

p.29 性質を持つ線を表すならば，

$$-X'Y' = (A/L)(\lambda + x') - a$$

第3に，$CD = KK'$ で $F''X''$ は $K$ から線 $X''Y''$ まで進んだ $KK'$ の部分に等しいので，

$$CD : LK' = F''X'' : X''Y'' - KF''$$

これから，

$$X''Y'' = (LK' \cdot F''X''/CD) + KF''$$

あるいは，$KF'' = KI + IH' - F'H$ で，さらに $F'H = GH - GF'$ であるから〔$KI = -a', GH = a$〕

$$X''Y'' = (LK' \cdot F''X''/CD) + IH' + GF' - (a + a')$$

ここで，$LK', IH', GF'$ の代わりに，その値 $(A/L)\lambda'', (A/L)\lambda', (A/L)\lambda$ をおくと，次式を得る．

$$X''Y'' = (A/L)(\lambda + \lambda' + F''X'' \cdot \lambda''/CD) - (a + a')$$

そして，$x''$ によって，

$$CD : F''X'' = \lambda'' : x''$$

となる性質を示す線とするならば

$$X''Y'' = (A/L)(\lambda + \lambda' + x'') - (a + a')$$

p.30 　回路の3種の部分に属し，その形により，互いに異なる縦座標のこれらの値〔$XY$, $-X'Y'$, $X''Y''$の値〕は以下のように一般式で表される．すなわち，$F$を横座標の原点とするならば，$FX$〔原文$FX'$は間違い〕は輪の同質部分に属する縦座標$XY$に対する横座標であり，$x$はこの横座標に対応し，$AB:\lambda$の比で換算された長さを表す．同様に，$FX'$は縦座標$X'Y'$に対応した横座標で，それは，輪の同質部分に属する部分$FF'$と$F'X'$から成り立ち，$\lambda$と$x'$は，これらの部分に対応し，$AB:\lambda$と$BC:\lambda'$の比に換算された長さである．最後に，$FX''$は縦座標$X''Y''$に対応する横座標であり，それは，輪の同質部分に属する部分$FF'$, $F'F''$, $F''X''$から成り立ち，$\lambda$, $\lambda'$, $x''$は，これらの部分に対応し，$AB:\lambda$, $BC:\lambda'$, $CD:\lambda''$の比に換算された長さである．こ

p.31 れらの考察によって，値 $x$, $\lambda + x'$, $\lambda + \lambda' + x''$ を換算された横座標 (reduzirte Abszisse) と名づけ，これらを一般的に$y$と表すならば，次式になる．

$$XY = (A/L)y$$
$$-X'Y' = (A/L)y - a$$
$$X''Y'' = (A/L)y - (a + a')$$

そして，$L$は，全長$AD$あるいは$FM$と同一であり，$y$は長さ$FX$, $FX'$, $FX''$と同一であることが注目される．それゆえ，$L$もまた回路の換算された全長と名づけられる．ここでさらに，縦座標$XY$に属する横座標からは，何の張力もないが，張力$a$は縦座標$X'Y'$に属する横座標から，そして，張力$a$と$a'$は，縦座標$X''Y''$に属する横座標から生じることを考慮するならば，そして，一般的に$O$で$y$に属する横座標から生じるすべての張力の合計を表すとするならば，異なる縦座標に対して見いだされるすべての値は次式に含まれる．

$$(A/L)y - O$$

p.32 　しかし，この縦座標は，もしも，長さ$AF$に対応する一定ではあるが不定の大きさだけ変化させるならば，輪の異なる場所に存在する電気

力を表す．それゆえ，ある場所での電気力〔検電気力〕を一般的に $u$ で表すならば，その決定に対して次の方程式を得る．

$$u = (A/L)y - O + c$$

ここで，$c$ は任意の定数とする．この方程式は，一般的に正当であり，言葉で示せば以下の内容である．すなわち，**電気の強さ〔$u$〕は，いくつかの部分から成り立つガルヴァーニ回路のある場所で以下のようにするならば見いだされる．すなわち，全回路の換算長〔$L$〕，横座標が属する部分の換算長〔$y$〕，およびすべての張力の和〔$A$〕に対して，第4比例線〔$y$ に対する電圧降下分 $(A/L)y$〕を求め，これと横座標から生じるすべての張力の和との差〔$-O$〕に，まだ，不定な，回路のすべての場所で等しい大きさ〔$c$〕だけ増やすか減らせばよい．**

電気力が，回路のそれぞれの場所で，そのように決定された後では，電流の大きさを決めることが，まだ残っているだけである．さて，今まで述べてきた種類のガルヴァーニ回路において，その1断面を通して，一定の時間に流れる電流は至る所で一定である．というのはすべての場所で各瞬間において，一方の側から，同一の電流が切断面に入り込み，もう一方の側に流れ去るからである．しかし，異なった回路では，電流は非常に異なった結果になる．数個のガルヴァーニ回路の力を互いに比較するためには，回路の中の電流の大きさを決定する量の精密測定が，必要とされる．この意図された測定は，Fig3 から次のやり方から推測される．それはすでに少し前に示されたように，各瞬間に，1つの微粒子からそのすぐ隣の微粒子への電気的移行の強さは，その時点で存在する両粒子間の電気的差異〔検電器力の差〕と，微粒子の性質と構造に依存する値，すなわち物体の伝導能力の大きさによって与えられる．さて，一定距離で引き起こされる微粒子の電気的差異は，例えば部分 $BC$ においては，線分 $HI$ の傾き，あるいは，商 $IH'/BC$ で表現される．それゆえ，$\chi$ を部分 $BC$ に対する伝導能力の大きさとすれば，

$$\frac{\chi \cdot IH'}{BC}$$

は，微粒子から微粒子への移行の強さ，または，部分 $BC$ の中の電流の強さを表す．したがって，もし，$\omega$ を部分 $BC$ の断面の大きさを表すとすれば，各瞬間に，ある断面から隣の断面へ向かう電気の量，または，流れの大きさは，次のように表される．

$$\frac{\chi \cdot \omega \cdot IH'}{BC}$$

それゆえに $S$ を流れの大きさを示すとすると次のようになる．

$$S = \frac{\chi \cdot \omega \cdot IH'}{BC}$$

または，$IH'$ の代わりにその値 $A \cdot \lambda'/L$ をおけば，

$$S = \frac{A}{L} \cdot \frac{\chi \cdot \omega \cdot \lambda'}{BC}$$

今まで，文字 $\lambda$，$\lambda'$，$\lambda''$ によって，線は表された．それらは部分の長さ $AB$, $BC$, $CD$ と，所有の伝導能力と横断面積の積とから形成される商であり，その商に比例している．線の絶対的大きさ $\lambda$，$\lambda'$，$\lambda''$ は，まだ不定で今のところ確定されないのであるが $\lambda$，$\lambda'$，$\lambda''$ の大きさを先程述べた商にまったく比例するだけでなく，等しいとし〔現代の抵抗と同じ〕，そして，この制限によって，これから「**換算長**」(**reduzirte Länge**) の意味を変えれば，2つの前述〔$S$〕の最初の方程式は，次のように変わる．

$$S = \frac{IH'}{\lambda'} \quad [\lambda' = BC/\chi \cdot \omega]$$

この式によって，次の一般法則が言い表される．すなわち，**回路のある均質部分における電流の大きさは，その部分の両端に存在する電気力の差とその換算長とから形成される商によって決定される．** この電流に対する表現は，後にも現れるだろう．すぐ前の2つ目の方程式は該当する修正によって，次のようになる．

$$S = \frac{A}{L}$$

これは，普遍的に有効で，回路のすべての場所におけるこの流れの大きさが等しいことは，その式の形によってすでに明らかである．すなわち，式は言葉で言えば次のような内容である．**ガルヴァーニ回路の中の電流の大きさは，すべての張力〔電圧に相当〕の合計に比例し，回路の全換算長〔全抵抗に相当〕に反比例する〔現代のオームの法則と同じ〕**．その際に，換算長については，すべての商の合計と理解されることに注意しなければならない．そしてその商は，均質部分の本当の長さとその部分の伝導能力と横断面積の積とから，構成される．

p.37

ガルヴァーニ回路の電流の大きさを決定する方程式と，少し前に見いだされ，回路のそれぞれの場所での電気力を述べた式と一緒に，ガルヴァーニ回路の現象に関するすべてを単純で確実に推論せしめる．それを，私はすでにこの分野では測定の予測された正確さと正確さを与えない装置で，いろいろと条件を変えた実験から推定した．[1] すなわち，これは，すでに大量に存在しているこれに属するすべての観測を忠実に表現する．この忠実さは，また今までの実験の領域になくこの方程式が〔新しく〕導き出した結論にまでおよぶ．2つの式はとぎれることなく手に手を取り自然と共に歩む．私が，今や，それらの式の内容の短い説明を通して，それを証明したい．その際に，私は，2つの方程式が，回路の状態が一定であるすべての考え得るガルヴァーニ回路に関わることを，述べる必要がある．それで，ヴォルタ電堆も特別な場合として含まれるので，ヴォルタ電堆の理論は特別に扱われる必要はない．

p.38

明瞭さを害さないために，私はこの際に，絶えず方程式

$$u = (A/L)y - O + c$$

の代わりに Fig3 だけを助けとし，それゆえにここで，方程式から引き出された推論のすべては普遍的に妥当であることをもう1回だけ注

意しておく．

　次に，以下の状況は詳細な考慮に値する．ガルヴァーニ回路に広がった電気分布は，いろいろな場所で永久不変の階段状であるが，電気力は〔外部の影響により〕同一の場所で変化する．現象のその不可思議な変わりやすさとは以下のようなものである．不可思議な変わりやすさは，ガルヴァーニ回路の特定の場所が電気計に及ぼす作用を，不可思議な方法で，勾配をつけてあらかじめ決定し，一瞬で現す．この特徴を説明するために，私はFig3へ戻る．すなわち，それぞれの回路の性質によって，分布図 $FGHIKL$ は毎度完全に決定さるが，図に現れているように，回路 $AD$ に対する分布図の状態は内部誘因によって決定されるのではなくて，どのような変更も受け入れることができる．その変更は，すべての点で共通に縦座標方向に生じた移動によって，突然起こされる．それで，単に両方の線〔$AD$と$FGHIKL$〕の相対する配置によって表される回路の各場所での電気的状態は，常にいかようにでも，外部の影響によって，変化する．例えば，$AD$ で，ある時刻での，回路の現実の状態を表す配置とすれば，縦座標 $SY''$ はまたその長さによって，回路の縦座標が所属する場所 $S$ における電気力を表す．それで，同一の時刻で，$A$ 点での電気力に相当するものは線 $AF$ で示される．さて，点 $A$ に接して電気を逃がし〔アースし〕，それによって，そこに存在する力を無効にすれば，線 $AD$ は $FM$ の位置に導かれ，前の点 $S$ に内在する力は長さ $X''Y''$ によって表現される．すなわちこの力は，また，突然，長さ $SX''$ に同等の変化を受ける．もし，回路の $Z$ 点に接して電気を逃がせば，同一の変化が現れるであろう．それは，縦座標 $ZW$ は $AF$ と同じであるからである．もし，回路の2つの部分 $AB$ と $BC$ を互いに接合した場所に，それも部分 $BC$ の内に接触すれば〔$H$点の電気力ゼロ〕，$AD$ を位置 $NO$ に移して考えなければならないし，点 $S$ での電気力は $TY''$ で示された強さまで，〔変化を〕増大するであろう．〔今度は回路の2つの〕部分 $AB$ と $BC$ を互いに接合した場所で，しかしながら，部分 $AB$ の内に接

触する〔G点の電気力ゼロ〕．そうすれば，線ADは位置PQへ導びかれ，点Sにおける力は，$UY''$で表現された負の力分下へと低下する．最後に，回路の場所Dに接して電気を逃がせば〔L点の電気力ゼロ〕，線ADは位置RLに移動され，点Sでの電気力は，$VY''$と表示された負の力と考えられる．これらの変化の法則は，容易に概観でき，普遍的に次のように言い表される．ガルヴァーニ回路のどの場所も，外部に向かって作用するその場所の電気力に関して，回路のどこか違う場所で，外部からの影響によって〔アースなど〕，直接，引き起こされたものと同一の変化を間接的に被る．

ガルヴァーニ回路の各場所は，一か所に強いられた変化と同一の変化を受けるので，全回路に広がった電気量の変化は，一方では，全場所―すなわち，回路で電気が分布している場所―での〔体積の〕合計〔本当は静電容量〕と，さらに，回路のある場所で生じる電気力の変化に比例する．この簡単な法則から，次の特別な事実が明らかになる．すなわちガルヴァーニ回路で電気が広がった区域〔体積〕を$r$とし，その回路をある場所で非伝導体〔エボナイト棒のようなもの〕に接触させると想像し，$u'$で接触前のその場所での電気力を，$u$で接触後のものを表すとすると，その場所で起こされる〔電気〕力の変化は，$u'-u$であり，したがって，回路に存在する全電気量の変化は，$(u'-u)r$である．さて，接触する物体の電気は，区域$R$とすべての場所で，等しい力によって，広げられる〔伝播される〕と仮定し，そして，同様に，回路と物体はその接触箇所で，同一の電気力―すなわち$u$である―と仮定すれば，明らかに，$uR$は，物体の中に入り込む電気量である．そして，次のようにならねばならない．

$$(u'-u)r = uR,$$

これから，次を得る．

$$u = u'r/(r+R)$$

物体に担われた電気の強度〔$u$〕は，$R$が$r$に比べて無視できればできるほど，それだけ一層，接触前に，接触箇所に担われている回路

p.43 の電気の強度〔$u'$〕と同じになる．もし，$r=R$ なら，それは〔$u$〕は，それ〔$u'$〕の半分になる．また，$R$ が $r$ に比べてより大きくなっていくほど，それだけ一層より弱くなる．この変化の仕方は，単に区域 $r$ と $R$ の相対的大きさにより，まったく回路の質的性質には依存しないので，この変化の仕方は，単に回路の寸法によって，いやそればかりか回路とは関係ない伝導的に結合された量によって決められる．この知識を，コンデンサトールの接合の理論と結びつけると，それは，イエーガー[2]によって，驚くべき完成度で認識されたコンデンサトールに対するガルヴァーニ回路に関するすべての説明に到る．私は，この点に関して論文を指摘するだけにとどめたい．ガルヴァーニ回路の新しい特徴のために場所を空けておくために．

p.44 回路の同質部分の内部の電気分布の仕方は，線 $FG, HI, KL$（Fig3）の勾配の強さにより，そして，その強さは，割合 $GF'/AB, IH'/BC, LK'/CD$ の大きさにより決定される．しかし，すでに説明したように〔p.29 参照〕

$$GF' = (A/L)\lambda, \quad IH' = (A/L)\lambda', \quad LK' = (A/L)\lambda''$$

ここから，今や苦労なしに，次のことが理解できる．もし，値 $A/L$ に，ある部分の実際の長さ〔$\ell$〕に対する換算した長さ〔換算長 $\lambda$〕の割合をかければ，回路のその部分に属し電気分布を表す線の勾配の大きさを得たことになる．それゆえに，回路のある均質部分の換算長を（$\lambda$），その実際の長さを（$\ell$）とおけば，その部分に属し電気分布を描写する直線の勾配の大きさは，〔$GF'/AB$ で，$AB=(\ell)$ とする〕

$$(A/L)\cdot(\lambda)/(\ell)$$

この式は，もし，伝導率を（$\chi$）で，同一部分の横断面積を（$\omega$）で表すとすると，次のようにも書き表すことができる．

$$\frac{A}{L}\cdot\frac{(\lambda)}{(\chi)(\omega)} \quad \text{〔（$\lambda$）の所は正しくは 1〕}$$

p.45 この式は，ガルヴァーニ回路の電気分布のさらに詳細な知識へと導

く．すなわち，$A$ と $L$ は値を示し，その値は同一の回路のそれぞれの部分で不変であるので，**回路の均質な部分のおのおのの勾配は，互いにその部分の伝導率と横断面積の積に反比例するような関係になる**．それで，もし，回路のある部分がその伝導率と横断面積との積が他の部分に比べ十分に小さければ，その部分は，その勾配の大きさによっていろいろな場所での電気力の差を知らせるのに最も適している〔勾配が大きくなるから〕．その際に，その部分の実際の長さもまた，その他の部分の実際の長さに比べ短くないならば，その換算長は，その他の部分の換算長より，遙かに勝るであろう．それにより，次のことを容易に理解する．すなわち異なった部分の間のこのような関係を，決定する事ができるであろうし，その際には，その換算長は，すべての他の部分の換算長の合計と比較して，非常に大きくなることを．

その場合に，その１つの部分の換算長は，全回路の換算長と，ほぼ等しいので，大きな誤り〔誤差〕なしに，$L$ の代わりに，$\dfrac{(\ell)}{(\chi)(\omega)}$ と置くことができる．ここで，$(\ell)$ は説明している部分の実際の長さを，$(\chi)$ はその伝導率を，そして $(\omega)$ はその横断面積を表すとする．その時は，その部分の勾配は，次式に近づく．

$$\frac{A}{(\ell)}$$

そこから，次の結論がでる．**その部分の両端に現れる電気力の差は，回路に存在するすべての張力の和にほぼ等しくなる**．もし，すべての張力，または，少なくとも，数や大きさにおいて大部分の張力が，同じ性質であるならば，すべての張力がその１つの部分にかかる．それによって，その部分に，並はずれた強さで電気分布が現れる．このようにして，コンデンサトールがなく，閉じた回路におけるガルヴァーニ力が弱い場合の電気分布の階段はほとんど認識できない．このガルヴァーニ回路の注意すべき特質－これはガルヴァーニ回路の全性質を完全に言い尽すのであるが－これは，すでにずっと前に，単一の〔伝

導率の〕悪い伝導体において認められており，また，この物体の特別な性質によって原因を探った[3]．アナーレン・デア・フィジークの編集者への手紙で[4]，私はガルヴァーニ回路のこの性質が，最良の導体，つまり金属でも観察できる条件を挙げた．経験によって得られた実験の成功を確実なものにする保留条件は当面の観察とも完全に一致している．

p.48 　　回路のある部分の勾配を与える式 $\dfrac{A}{L}\dfrac{(\lambda)}{(\ell)}$ は，$A$ と $(\lambda)/(\ell)$ が有限値であり，$L$ が無限大ならば，ゼロになる．$A$ が有限値であり，$L$ が無限大ならば，実際の長さに対する換算長の比が有限である回路のすべての部分における電気分布を描写している直線の勾配はゼロ，または，同じ事であるが，電気は，それぞれの部分のすべての場所で，等しい強さである．さて，$L$ は回路のすべての部分の換算長の和を表し，その換算長は，明らかに正の値だけをとることができるので，その換算長が無限の値をとるやいなや，$L$ は無限になる．さらに，ある部分の換算長は，その部分の伝導率と横断面積との積で，実際の長さを除した商とおけるので，もし，その部分の伝導率がゼロならば，すなわち，もし，その部分が電気の不導体ならば，それは無限の値にな

p.49 る．回路のある部分が電気の不導体ならば，電気は，他の部分のそれぞれに一様に広がり，ある部分から他の部分へそこに存在する全張力分だけ単に変わる．開いた回路においては，得られる電気分布は，今まで見てきた閉じた回路の電気分布より遙かに単純である．そして，線 $FG$, $HI$, $KL$（Fig3）は，$AD$ と平行な位置を取ることを図上で知らしめる．このことは即座に，次のことを認めさせる．すなわち，回路の2つの任意の場所の間で，支配する電気力の差は，両方の場所にある張力のすべての合計と等しい．そして，また，電気力の差は，正確に，その合計と同一の比で増減する．それゆえに，もし，その1つの場所をアースすれば，もう一方の場所に2か所の間に存在する張力のすべての合計が現れる．その際に，張力の測定を毎度，先の場所か

p.50 ら進むことによって，決定されなければならない．先の法則におい

て，〔何もつながない〕開いたヴォルタ電堆において行われた経験が，検電器を使って述べられている．それは，リッター，エルマン，イェーガーによって非常に詳細に試みられ，そして，ギルバートアナーレンに記述されている[5]．

今までにガルヴァーニ回路のすべての検電気的効果は，最初に決定した性質であると述べてきた．私は，それゆえ回路の中に生じる流れの考察に移る．その本性は，先に取り扱ったように，回路の各場所において，次式によって表される．

$$S = A/L$$

この方程式の形式ならびに，それを得た方法から，すぐに以下のことが分かる．すなわち，ガルヴァーニ回路において，電流の大きさは，すべての場所において，至る所で同じであり，電気分布の仕方だけに依存しており，たとえ，回路のある場所での電気力が，アースまたはその他の事によって，変えられようとも，電流の大きさは変わらない．回路のすべての場所における流れの同一性は，ベクレルの実験により[6]，また，回路の特定の場所における電気力からの流れの独立性は[7]，ビショフの実験により，実証された．アースまたは引き込み（Zuleitung）〔電圧を加えること〕が回路のただ一か所においてのみ直接に作用している限りは，アースしても引き込みしても，ガルヴァーニ回路の流れを変えない．しかし，回路の2つの異なった場所が同時に，つながれたならば，それによって，2つの流れが生ずるであろう．この2つ目の流れは，最初の流れを状況によって多かれ少なかれ，必然的に変えることになる．

方程式

$$S = A/L$$

は，次のことを知らしめる．ガルヴァーニ回路の流れは，部分の張力の大きさ，または換算長—これもまた部分の実際の長さならびにその伝導率と横断面積によって決められるのであるが—の大きさに関して生成するどのような変化によっても，変化するはずである．この変化

の多様性は，先に挙げた要素の１つを可変とし，他のすべての要素を不変とするならば，制限される．それによって，その都度の仮定にふさわしい，普遍的方程式の特別な形を得ることができる．その形は，常に，回路の普遍的変化能力の部分的追跡をする．これらの主張を実例で示すために，次のことを仮定したい．回路において，たった１つの部分の実際の長さだけを，常に変化させるとし，回路と回路に付随する方程式の流れの大きさを決める他のすべての値を恒に，一定とする．この変化する長さを$x$，その部分に対する伝導率を$\chi$，その横断面積を$\omega$，そして，他のすべての部分の換算長の和を$\Lambda$で表すならば，$L=\Lambda+x/(\chi\cdot\omega)$．それで，流れを表現する普遍的方程式は，次のように変わる．

$$S=\frac{A}{\Lambda+x/(\chi\cdot\omega)}$$

または，分子と分母に$\chi\omega$をかけ，$\chi\omega A$を$a$，$\chi\omega\Lambda$を$b$と置けば，

$$S=a/(b+x)$$

ここで，$a$と$b$は一定値であるが，$x$は，回路で特定された部分の材料や横断面積に関して変わる長さを表す．普遍的要素が最小限の定数に還元された普遍的方程式のこの形は，私がここで展開した理論が負うた実験結果から演繹[8]したもの〔第２論文の実験式〕と同一である．この導体の長さに関する式を導き出した法則は，すでに以前に**ディビー**により，また，最近**ベクレル**により，実験的に発見されたものとは本質的に異なっている．また，**バロー**がうち立てたものとも，そして私が以前に実験から推論したもの〔第一論文の対数関数の式〕とも著しく違っている．しかしながら，後者の２人〔バローとオーム〕の本来の目標に近いものではあるが．このうち前者〔バローの式〕は，基本的には，補間法の式以上の何者でもない．その式というのは，単に，全回路の比較的非常に短い可変部分に対してだけ有効であり，そして可能なまったく異なる種類の伝導体についても適用できる．このことはバローの法則が，回路の可変部分についてだけ扱い，すべての

他の部分を考慮しないことから生じる．しかし，上に挙げたすべての式は，互いに不都合を分け合うのである．その不都合とは，それらの式が回路の液体部分の化学変化によってもたらされた異質な不安定さの根源を含む．この不安定さの根源については後でさらに広く，深い十分な議論がなされるであろう〔補遺でなされるが補遺は割愛〕．そこでは必要以上に，私は，いろいろな法則形の互いの関係について述べた．

次の普遍方程式

$$S = \frac{A}{L}$$

が明らかにする，ガルヴァーニ回路の特別の特質の多くのことの中から，私はここでほんのいくつかを挙げることにする．もし，張力の合計が変えられないならば，〔回路の〕部分の配置を換えても，電流の大きさに影響がないことが分かる．もし，回路の張力の合計と全換算長とが同じ比で変わるならば，電流の大きさは，ほとんど変わらない．それゆえ，ある一つの回路と比べて張力の合計がとても小さいような回路でも，張力の足りないことを換算長の短縮により補えば，前者の回路と同じくらいの強さの電流を生み出すことができる．ここに，**熱電池回路〔熱電対を電源に持つ回路〕と液体電池回路〔ヴォルタ電池を電源に持つ回路〕との特有の違いの理由がある．**前者〔熱電池回路〕は金属だけであるが，しかし，後者〔液体電池回路〕はその他に，回路の部分として水溶液も含む．その伝導率は，金属と比較して，非常に劣る．そのために，液体の換算長は，金属部分と同じ寸法では，極端に大きく，たとえその実際の長さを短くし，横断面積を大きくして，その換算長を小さくしたとしても，非常に大きいままである．少なくともその減少が，度を超えた状態で起きない限りは．それゆえに，熱電池回路の換算長は，通常の場合，液体電池のそれよりはるかに小さい．そこで，このような状況ではより小さな張力が推論される．たとえ，熱電池回路の電流の大きさが，液体電池回路のそれに劣らないとしても．**電流の強さを同じ様に生じさせた熱電池回路と液体**

電池回路との大きな違いは，その両方に同様な変化を起こさせた場合，はじめて現れる．次に述べる考察で明らかにしよう．すなわち，熱電池回路の換算長を $L$, 張力の和を $A$ とし，一方，液体電池回路の換算長を $mL$, 張力の和を $mA$ とすれば，電流の大きさは，前者は $A/L$, 後者は, $mA/mL$ と表現され，結局，この2つの回路の電流は等しくなる．この電流の同一性は，もし，2つの回路に換算長 $\lambda$ の同一の新しい部分を挿入するならば，無効にされる．というのは，この時は，前者の電流は，

$$\frac{A}{L+\lambda}$$

後者の電流は，

$$\frac{mA}{mL+\lambda}$$

上の式に, $m, L$ と $\lambda$ のおよその見積もり値を代入すれば，次のことが容易に確かめられる．1つの液体電池回路は，部分 $\lambda$ において灼熱効果または化学的分解を生じることができる場合でも，熱電池回路はそのために必要な力の百分の一，いや千分の一も生み出すことはできない．そこから，熱電池回路では，そのような作用が起こらないことが非常に明白になる．また，次のことに気づく．熱電池回路の換算長を減少させても（それを構成する金属の断面積を大きくするなどによって），そのような効果を喚起させる事はできない．たとえ，その中の電流の大きさが，同様の効果をもたらす液体電池回路の中の電流より遙かに顕著になったとしても．金属体と液体の伝導能力のこの相違は，液体電池回路の注目される特質の根源である．その特質についての言及は，ここでなされるのが適切である．すなわち，通常の状態においては，液体部分の換算長は，金属部分の換算長と比較して，あまりに大きいので，後者を無視して，前者だけを，全回路の換算長として取り扱うことができる．それで，同一の張力を持つ回路の電流の大きさは，液体部分の換算長に反比例する．そこで，液体部分が，同一

の実際の長さで，同じ伝導率を持つような回路を互いに比較するならば，それらの回路における電流の大きさは，液体部分の横断面積に比例する．それにも関わらず，単純な測定の代わりに，もっと複雑な測定を持ち込まなければならないことを，見落とすことはできない．金属部分の換算長が，液体部分の換算長に対して，無視できない場合である．その場合というのは，金属部分が非常に長く細いか，または，液体部分が良導体で非常に大きな底面を持っている場合である．

方程式

$$S = \frac{A}{L}$$

から，次のことを引き出すことができる．すなわち，もしあるガルヴァーニ回路から1つの部分を取り去り，外部からの他のものに取り替え，その取り替えの後でも，張力の和ならびに電流の強さも完全に同一であるならば，この2つの部分は，同一の換算長を持つ．その部分〔取り替えた部分〕の実際の長さは，その部分の伝導率と横断面積の積に比例する．それゆえに，そのような部分の実際の長さは，横断面積が等しい場合には，その伝導率に比例し，伝導率が等しい場合には，その横断面積に比例する．この2つの関係の最初のものによって，次のような事が言える．すなわち，異なった物体の伝導率を決めるのに，すでにベクレルと私によって多くの金属を使ってなされたような先に報告したやり方で決めるより，遙かに有利に決めることができる[9]．2つ目の関係は効果が横断面積の形によらないことを実験で証明するのに役立つ．それについては，すでに以前に，ディビーによって，また，最近，私によって行われている[10]．

ヴォルタ電堆について，単一回路〔電堆一層分〕の張力の和と換算長は，回路を構成している要素の数だけ繰り返される．そこで，$A$で単一の回路のすべての張力の和を，$L$で換算長を，$n$で電堆を構成している要素の数を表すとすると，閉じられた〔ヴォルタ〕電堆の中の電流の大きさは，明らかに次のようになり，

$$\frac{nA}{nL}$$

単一の閉じた回路の電流の大きさは，

$$\frac{A}{L}$$

である．1つの回路ならびに電堆に，換算長が $\Lambda$ である同一の新しい部分を持ち込み，それに電流を流せば，単一の回路で変化させられた電流の大きさは

$$\frac{A}{L+\Lambda} \quad \text{〔単一の回路の中の電流〕}$$

そして，ヴォルタ電堆の中では，次のようになる．

$$\frac{nA}{nL+\Lambda} \quad \text{または} \quad \frac{A}{L+\Lambda/n} \quad \text{〔ヴォルタ電堆の中の電流〕}$$

これから次のことが分かる．ヴォルタ電堆の電流は，単一回路における電流より常に大きくなる．しかし，それは $\Lambda$ が $L$ と比べて非常に小さい場合は，ほんのわずかだけ大きくなるだけである．これとは逆に，$\Lambda$ が $nL$ と比べて大きくなり〔ヴォルタ電堆の式で $nL$ が無視できる〕，さらに $\Lambda$ が $L$ と比べて大きくなればなるほど〔単一の回路の式で $L$ が無視できる〕，ますます，この〔電流の〕増大は $n$ 倍に近づく．これ以外に，ガルヴァーニ電流の大きさを増大するには2番目の方法がある．それは，単一の回路の換算長を小さくすることである．このことは，次のことによって行う事ができる．単一の回路の多くを互いに横に並べて置き，互いに接続〔並列接続〕し，再び，それを1つの不可分の単一回路に形成する事によって，その回路の横断面積を大きくする事である．前の記号をここでまた適用させるならば，それはまた

$$\frac{A}{L+\Lambda}$$

で，1つの要素〔電堆一層分〕での電流の大きさは表現されるので，

今述べたような方法で，$n$ 個の要素を 1 つの単一回路に組み合わせたものの中の電流は明らかに

$$\frac{A}{L/n+\Lambda} \quad または \quad \frac{nA}{L+n\Lambda}$$

これによって，もし，$\Lambda$ が $L$ に比べて非常に大きいときは，この新しい組み合わせ物において，効果〔電流〕がわずかに強化される．これとは反対に，もし，$\Lambda$ が $L/n$ と比べて，また，さらに $L$ と比べて非常に小さければ，効果は十分に強化される〔$n$ 倍になる〕．これから，次の結論が出る．すなわち，組み合わせ物の効果は，他の物〔$\Lambda$ のこと〕が存在しない場合，最も効果的であり，他の場合には逆になる．それゆえに，一定数の単一の回路を所有している物に，換算長が $\Lambda$ である部分を一緒につなげて作用させる時，どのような方法で一緒に置くかによって最大電流の発生に違いが出る．たとえば，すべての要素を互いに並べて置くか〔並列〕，すべてを互いに後ろに置くか〔直列〕，または，1 部分は互いに並べて置き 1 部分は互いに後ろに置く場合〔直並列〕によって．計算は次のことを教える．多くの等しい部分からなっているヴォルタの組み合わせ物では，この数〔要素の数 $n$〕の 2 乗が，商 $\Lambda/L$ に等しいとき，最も有利である．もし，$\Lambda/L$ が $\Lambda$ と等しいかより小さいならば，すべての要素を並べて置いた時，最も良い．また，$\Lambda/L$ がすべての要素の 2 乗に等しいかより大きいならば，すべてを互いに後ろに置いた時，最も良い．なぜ，たいていの場合，最大効果の発生に，1 つの単一回路または少なくともいくつかの単一回路からなるヴォルタの組み合わせ物が必要とされるかの理由が上で述べたことから分かる．回路のすべての場所において，電流の量は同じであるから，その強さは，異なった場所では，そこにある横断面積に反比例しなければならないことを考慮し，さらに，次のことを仮定する．つまり，回路における，磁気的，化学的作用ならびに，熱と光現象は，電流の直接の現れであり，それらの強さは，その電流自身の強さによって与えられるとする．そうすると，ここでざっと推測

された電流の性質を細かく解きほぐす事は，ガルヴァーニ回路において多くの部分的にはとても謎めいた変則性の完全な証明へと導く．このことは，回路の物理的性質が不変と見なされる限りにおいては，正当である．[11]　この大きな変則性は，いろいろな観測者の報告にあり，これらの観測者が取り扱う個別の装置の規模の効果にあるのではなく，その原因は，疑いなく液体電池回路の2重の変化能力にある．そして，もし，再実験において，この状況を考慮すれば，この変則性はなくなる．

p.66　異なる回路での同一の倍率器〔初期の電流計〕や同一の回路での異なった倍率器の作用の仕方における奇妙な変わりやすさは，上述の考察から，完全な説明を得る．すなわち，あるガルヴァーニ回路の張力の合計を $A$ で，換算長を $L$ で表したときには，

$$\frac{A}{L}$$

で，その回路の電流の大きさは表現された．もし，倍率器が回路の主要な構成要素として持ち込まれたならば，$n$ 巻き〔のコイル〕からなり，それぞれの〔1巻き分の〕換算長が $\lambda$ であるような倍率器を考えると，

$$\frac{A}{L+n\lambda}$$

で，電流の大きさが与えられる．さらに，簡単にするために，$n$ 巻きからなる倍率器のそれぞれの巻きが，磁針に同一の作用を及ぼすとすると，明らかに，磁針に対する倍率器の作用は次のようになる〔実際には次式に比例する〕．

$$\frac{nA}{L+n\lambda}$$

p.67　もし，倍率器の入っていない回路で，まったく同じ巻き線の針（磁針）に対する作用が，

$$\frac{A}{L}$$

とおけるならば，ここから，すぐに次の結論が出る．倍率器によって，磁針に対する作用は，強められたり弱められたりする．$nL$ が $L+n\lambda$ より大きいか小さいかによって，すなわち，倍率器の入っていない回路の $n$ 倍の換算長〔$nL$：p.67 上式の分母子を $n$ 倍した式と p.66 下式を比べるのである〕が，倍率器の入っている回路の換算長〔$L+n\lambda$：p.66 下式〕より大きいか小さいかによって，さらに，倍率器が磁針に及ぼす効果が決定されるこの式をみただけで，次のことが分かる．すなわち，$L$ が $n\lambda$ に対して無視され，

$$\frac{A}{\lambda}$$

と表現されると，最大または最小の効果が現れることを．倍率器の限界効果〔$A/\lambda$〕と，倍率器がなくまったく等しく作られた巻き線が生じる回路の限界効果〔$A/L$〕を比べると，この2つは，互いに換算長が $L$ と $\lambda$ であるかのように振る舞うことが分かる．この関係は，一方から，他方の値を決めるのに役立つ．**この倍率器の限界効果について見いだされた式は，この限界効果が回路の張力に正比例し，回路の換算長とは独立であることを明らかにしている**．したがって，同一の倍率器の限界効果は，異なる回路の張力を測定するのに役立つだけではなく，張力の和を高める程度に応じて，強められることも明らかにしている．この強化は，多くの単一回路から，ヴォルタの組立物〔電堆〕を構成することによって行うことができる．倍率器の1巻きの実際の長さを $\ell$，伝導率を $\chi$，横断面積を $\omega$ とすると，

$$\lambda = \ell/(\chi \cdot \omega)$$

となり，倍率器の限界効果の式は，次のようになる．

$$\chi \cdot \omega \cdot A/\ell$$

これから，次のことが推論できる．同じ太さで異なる金属でできている電線で作られた2つの倍率器の限界効果の関係は，その金属の伝導率に応じて決まり，同一種類の金属線からできている2つの倍率器の限界効果の関係は，その電線の横断面積に応じて決まる．倍率器のす

べての種々の特性は，経験に基づくものであり，一部は他の人によって，一部は私自身の実験によって実証された．[12] 上述した熱電池回路でこれに関して行われた実験は，すでに先の換算長の比較から得られている結論に至った．熱電池回路における張力の和が通常の液体電池回路の張力の和よりはるかに小さいことを，前に行った方法とは逆といえる方法で明らかにした．そして，およその比較によって，私は，次の確信を持つようになった．灼熱効果に対しては，もし，確信を持って予言がなされるべきならば，目的に応じて選ばれた単一熱電池回路数百個からなるボルタ式組立物が必要とされ，ある程度の化学的効果に対しては，さらに大きい装置が必要とされる．この予測を疑いないものとする実験は，ここで報告された理論に新しく重要な確証を与えるであろう．

　上の考察は，ガルヴァーニ回路がどこかで2つまたはそれ以上に分岐すると何が起こるかを決定するのにも，十分である〔並列回路の考察に移る〕．この目的のために，次のことに注意を喚起したい．それは，すでに先に述べたように，方程式 $S=A/L$，と共に以下の規則が見いだされている．その規則は，ガルヴァーニ回路のある均質部分における電流の大きさは，その部分の両端に存在する電気力の差とその部分の換算長との商によって与えられることである．なるほど，この規則は，回路のどこでもいくつかに分岐していない場合にうち立てられたものではあるが，それぞれの柱状部分のすべての横断面において，出入りする電気量の同一性から得られ非常に簡単な実験などから，次の確信を得る．つまり，先の規則は，回路が分岐している場合でも個々の枝に対して有効である．さて，回路がたとえば3つに枝分かれしていて，それぞれの換算長が $\lambda$，$\lambda'$，$\lambda''$ であるとし，それに加えて以下のように仮定する．このおのおのの場所で，分岐されていない回路と個々の枝は同一の電気力を持ち，そして，同所で〔新たな〕張力が現れない．さらに，それぞれの両端に存在する〔同一の〕電気力の差を $a$ で表すとすると，先に挙げた規則の帰結により，電流

の大きさは，3つの枝のおのおので，

$$\frac{\alpha}{\lambda} \quad \frac{\alpha}{\lambda'} \quad \frac{\alpha}{\lambda''}$$

ここから，真っ先に，次の結論が出る．**3つの枝における電流は，その換算長に反比例する**ので，3つの電流のすべてを集めた合計を知っていれば，それぞれの個々の電流も見いだされる．3つの電流を集めたすべての合計は，明らかに，回路が分岐されてない他のそれぞれの場所での電流の大きさに等しい．というのは，今までと同じように仮定されたことであるが，〔3つに分岐した場合にも〕回路の不変状態が崩されていないからである．このことと，前述の考察から明らかになった推論とを結びつけると次の事が得られる．すなわち，電流の大きさと回路のそれぞれの均質部分の性質によって，その部分に対応し電気分布を表す直線の勾配〔電圧降下〕が与えられる．それで，次の確信を得る．回路の分岐していない部分に対する分布図〔勾配〕は，回路の中の電流が同一の大きさを維持している間は，同一でなければならないし，またその逆も言える．ここから，次の結論が出る．回路の分岐していない部分の電流の不変性は，必然的に，この部分の両端に現れる電気力の差の不変性を前提とする．個々の分岐の代わりに，換算長が $\Lambda$ である導体を回路に置くとすれば，回路の電流や張力は変わらないので，その結果，その両端に存在する電気力の差は，この場合でも $\alpha$ でなければならない．それゆえに，

$$\frac{\alpha}{\Lambda} = \frac{\alpha}{\lambda} + \frac{\alpha}{\lambda'} + \frac{\alpha}{\lambda''}$$

または，

$$\frac{1}{\Lambda} = \frac{1}{\lambda} + \frac{1}{\lambda'} + \frac{1}{\lambda''}$$

である．この方程式は，$\Lambda$ の値の決定に役立つ〔並列回路の合成抵抗の公式〕．この値が知られていて，$A$ は回路に存在する全張力の和，$L$ は回路の分岐していない部分の換算長とすると，**最後に述べた回路に**

おける電流の大きさは，明らかに，次の式になる．

$$\frac{A}{L+\Lambda}$$

これは，3つのそれぞれの枝に流れている電流の合計と等しくなる．それで，それぞれの枝の電流はこれらの枝の換算長に反比例する事が，すでに前に示されているので，換算長が $\lambda$ である枝における電流の大きさに対して，次式を得る．

$$\frac{A}{L+\Lambda}\frac{\Lambda}{\lambda}$$

換算長が $\lambda'$ である枝に対しては

$$\frac{A}{L+\Lambda}\frac{\Lambda}{\lambda'}$$

換算長が $\lambda''$ である枝に対しては

$$\frac{A}{L+\Lambda}\frac{\Lambda}{\lambda''}$$

また，あまりふれられず，今まで少ししか顧慮されなかったガルヴァーニ回路の特質も，私は，経験で，十分決定的な方法で証明した．[13]

　これで，このような不変状態が現れ，取り囲んでいる空気の影響や回路の化学的性質の漸次的変動による特有の変化をこうむらないガルヴァーニ回路の考察が完結した．しかし，ここから〔の議論で〕は，対象の単純さがだんだん減るので〔複雑になるので〕，今まで行われていた基本的な扱い方がまもなくまったく役に立たなくなる．〔複雑条件①〕空気が影響を及ぼし，〔複雑条件②〕回路の進行する化学反応の変化には原因がよらないで回路の状況が時と共に変わり，〔複雑条件③〕電流の大きさが異なる場所で異なる，他の回路と区別される様な回路に関しては，私は，これらのおのおのの状況の中で常に，最も単純な場合だけを論ずることで満足した．というのは，そのような回路は自然界ではまれにしか現れないし，一般的に関心が大きくない

と思われるからである．私が，こうするのをためらわないのは，後日，この対象について戻ってくるつもりだからである．それに反し，ガルヴァーニ回路のそれぞれの変容に関しては，電流から起こり電流へ戻り影響する回路の化学的変化によって引き起こされるので，補遺の中で，特に注意深く論じた〔補遺は割愛〕．補遺の中で厳守したやり方は，対象について非常に多く試みられた実験に根拠を置く．しかし，その報告は，次のような理由からしない．というのは，ぜひ言及する必要があると思われる作用するいくつかの要素を考慮しないことで，私に許される決定性よりももっと大きな決定性を，この実験は示すように思われるからである．また，補遺の中で私が使い，真理のためにも当然と思われる自らに対しても批判的な方法が，それによって途絶えてしまうことにならないようにするためである．

　ガルヴァーニ回路の特有な部分における電流によって引き起こされる化学的変化の原因を私はすでに述べたような，回路に特有の電気分布に求め，ほとんど疑いなく，少なくともその主要点については発見した．すなわち，すぐ分かるように，すぐに次の考えに至った．ガルヴァーニ回路の一部をなす切片〔横断面の円板状の薄片〕の横断面のおのおのは，電気的引力と斥力に従っており，その運動を邪魔するものはなく，閉回路において，一方向に動かされるはずである．なぜなら，引力または斥力は絶えず変化する電気力によってその切片の両側で異なるからであり，計算から次のことが分かる．**切片を一方の側へと動かす力は，電流の大きさと切片に存在する電気力とに関係がある**．この力によって，さしあたり単に，切片の場所の移動が，引き起こされる．もし，切片を複合物として見るならば，これらの構成要素〔プラスとマイナスの微分子〕は，電気化学的見方によれば，これらの電気的ふるまい方の差異で，互いに区別される．それで，すぐに次のことが明らかとなる．異なる構成要素を1方向に働かせるそれぞれの圧力は，等しくない力で，たいていの場合，きっと反対方向に作用し，構成要素の中に存在する傾向は，互いに遠ざけるように動かなけ

ればならないはずである．この考察からガルヴァーニ回路のすべての部分の化学変化に関する特別な目的としている活動が生ずる．その活動を私は，**分解力（zersetzende Kraft）**と名付け，個々の場合について，その大きさを決定することを試みた．その決定は，どのように電気と微分子が関連しているかを想像する仕方に依存する[14]．最も自然に思えることとして電気は物体の占める空間にその量に比例して広がると仮定すると，次の完全な分析が引き出される．**回路の分解力は，電流の強さに直接比例するだろうし，さらに，構成要素の性質とその混合比から決まる係数によって与えられるであろう**．均質部分のすべての場所で，等しい強さである，回路の分解力の性質から，すぐに次のことが分かる．もし，分解力が，すべての状況で，構成要素の相互の結合〔力〕を凌駕していれば，回路の両側へ向かう構成要素の分離と運搬は力学的妨害の所〔回路の導線の両端〕で終わる．しかし，構成要素間の結合〔力〕が，最初から至る所で，または，作用の過程のどこかで，回路の分解力を上回れば，構成要素のさらなる運動はもう起きない．これらの分解力の一般的記述は，**ディビー**や他の人が行った実験と符合する．

　たいていの場合に形成するように思われる化学的に混合された液体の中での〔ヴォルタ電堆の中の電解質溶液〕，両方の構成要素の分布の特有の状態は，次の誘因にその根本原因があるのであるが，特に注目に値する．すなわち，もし，分解が回路の限られた部分にだけ局限するように差し向けられ，この時，1種類の構成要素がこの部分の一方の側へ，そして，別の種類の構成要素が，反対の側へ押しやられるならば，まさしく，このことによって，作用に自然な限界ができる．というのは，分解が起こっている区間の内部である切片の一方の側へ優勢に現れる構成要素は，同じ構成要素の同じ側への移動に対して，要素中にある斥力によって，絶えず抵抗する．それで，回路の分解力は，両方の構成要素間のおのおのの結合だけでなく，それぞれの構成要素間の反動をも圧倒しなければならない．ここから次のことが分か

る．もし，ある時点で，そこに存在する力の間に平衡が現れると，化学的変化の停滞が現れなければならない．上述の回路の分解が起こっていると思われる部分の状態は構成要素の特有な化学的分布に由来しまた安定している．私は補遺の中で，その状態から出発し，その性質を厳密に決定しようと試みた．この極度に不思議な現象の発生過程の記述だけで，次のことが分かる．〔上述のように〕分離した広がりの両端で，自然な平衡は生じることはない．それゆえ，2つの構成要素は，力学的強制力によって，引き留められなければならない．さらに，回路の次の部分へ移行するか，または，他の状況のもとでは，回路から完全に分かれる．この簡素な説明の中に，回路による化学的分解において，外に現れた現象について今まで観測されたすべての主要点を，いったい誰が見いだしたくないだろうか．

　もし，電流と，それと一緒に分解力が急に中断されると，分布された構成要素は，次第に再びその自然の平衡に戻っていくだろうが，もし，電流が再び回復されるならば，前の状態に，すぐに再び戻ろうとする．この出来事の間，化学的性質と共に，同時に，絶えず，伝導率ならびに分解が起こっている区域の要素間の刺激方法〔引力，斥力〕が明瞭に変わる．しかし，このことによって，ガルヴァーニ回路における電気分布やそれに依存している電流の大きさの絶え間ない変化が必然的に規定され，この変化は，化学分布の変化の定常状態により，その自然な限界にいたる．この最終段階の電流の精密な測定のために，2つの異なる液体からなる変化しやすい混合物の伝導率や刺激力が従う法則の知識が必要とされる．この目的に対する実験が，今までハッキリさせてきたことは，私には十分とは思われないので，私は，その法則に理論的条件を提示する．これは，本当の法則が見つけだされるまで，その役目を占るはずだ．このまったく架空でない法則の助けを借りて，私は，今や，方程式に達した．その方程式は，すべての個々のそれぞれの場合の状態を知らせ，ガルヴァーニ回路の中の化学分布の定常状態を決定するのだが，私は，そのさらなる利用を怠っ

た．というのは，それらの関係について，現在の我々の経験的知識の範囲では，私はそのために必要な努力は報われないように思うからである．けれども，これに関して行われた実験的研究結果をもっと一般的な傾向性で比較できるために，私は，ある1つの特別なケースを最後まで扱い，この方程式が，私が以前に書いたように[15]，力の波打ち〔電堆中の電解質溶液の分解によって分極が起こり電流が変動する現象〕の仕方を，十分正確に明示する事を知った．

この論文の内容を大ざっぱに報告した後で，私は個別的な部分のより徹底した取り扱いに移る．

**原著注**
1) Schweiggers Jahrbuch 1826. H. 2.
2) Gilberts Annalen B. Ⅷ.
3) Gilberts Annalen B. Ⅷ. Seite 205, 207 und 456. B. X. Seite 11
4) Jahrgang 1826. St. 5. Seite 117.
5) Band Ⅷ., ii. und iii.
6) Bulletin univarsel. Physique. Mai. 1825.
7) Kastuers Archiv. Band IV. H. 1.
8) Vergl. Schweiggers Jahrb. 1826. H. 2.
9) Bulletin universel. Physique. Mai 1825. und Schweig-ger`s Jahrb. 1826. H. 2.
10) Gilbert`s Annalen nn. Folge. B. XI. Seite. 253, und Schweigger`s Jahrb. 1827.
11) Vergl. Schweigger's Jahlb. 1826. H. 2.，私がその細目の十分な説明を与えた箇所で．
12) Schweigger's Jahrbuch 1826. H. 2. und 1827.
13) Schweigger's Jahrb. 1827.
14) この見解の厳密な説明について，私は最近，ある機会で述べた．そこで，アンペールによって発見されたガルヴァーニ回路の部分の互いへの作用〔平行導線に電流を流した時の引力または斥力〕を，普通の電気的引力と斥力に原因を帰すことを試みた．
15) Schweigger's Jahrb. 1826. H. 2.

## 本 論　ガルヴァーニ回路

### A) 電気伝播に関する一般的研究

1) 一定の状況下でもたらされた物体の特性，それを我々は**電気**と名づけるのであるが，その特性は空間的に以下のことを認識させる．電気を持ち，それゆえ，**電気的物体**と呼ばれている物体は，互いに反発するか，または，引きつけ合う．

電気的性質において，物体 $A$ に起こる変化を，完全に決まった方法で追跡するために，この物体を毎回，一定の条件下で，電気的性質の変わらない第 2 の可動物体—それを**検電器**と名づけるのであるが〔箔検電器でなく，例えば糸で吊した一定の電荷を持った小球を考えている〕—と作用させ，そして，力を測定する．この力によって，検電器は物体によって反発されるか引きつけられる．この力を，我々は，物体 $A$ の**検電器力**と名づける．そして，その力が反発力か引力かを区別するために，一方の場合は＋記号を，他方の場合は－記号を，測定値の前に付ける．

それは，同一の物体 $A$ や同一物体の異なる部分における検電器力の測定にも役立つ．この目的のために，非常に小さな物体 $A$ をとり，それによって，その物体 $A$ を，ある第 3 の物体の試験する場所に作用させると，物体 $A$ はその小ささのゆえに，その場所の代弁者と見なすことができる．つまり，その時物体 $A$ の先に記述した方法で測定した検電器力は，別の場所で異なる結果になる場合，電気に関してこれらの場所での相対的な相違を示すであろう．

前述の説明の意図は，「検電器力」という表現に平易で確個とした意味〔定義〕を与えることである．この方法の大きな，または，小さな実行可能性を考慮する事，ならびに検電器力決定のための種々の可能

な取り扱い方を互いに比較することは，我々の目的ではない．

　2）我々は次のことが真実だと思う．検電器力は，ある場所から別の場所へ，また，ある物体から別の物体へ推移するので，検電器力は，異なる場所で同じ時刻だけではなく，同じ場所で，異なる時刻でも変化する．検電器力が，検知される時間と，現れる場所にどのように依存しているかを決定できるようにするために，基本法則から出発しなければならない．そして，この基本法則は，物体の要素間で生じる検電器力の相互作用を支配するものである．

　この基本法則は2種類からなり，実験によるものか，または，実験では分からず仮説を援用するものである．前者は疑うことができないし，後者の正当性は，計算の結果から導かれたものと，現実に起こったものとの一致によって間違いなく知ることができる．というのは，計算とそれを修正することで，現象を正確に決定でき，1つの実験を進めても常に新しい問題に行き当たるわけではないので，自然の同程度に正確な観察は，仮定（基本法則）の承認をはっきりと証明するか，または，反駁するはずである．そこに，まさに計算の最も主要な功績がある．その計算は，揺るぎない言明〔計算結果〕によって，概念の普遍性〔法則〕を生じさせ，その普遍性は，毎回新たな実験を促し，そして，常にもっと深遠な自然の知識へと導く．事実に基づいた自然現象の1部門の理論は，その表現形式が，数学的確実性に耐えなければ，不完全である．そして，もっと厳密な形式に発展された理論は，要求された精度で，経験〔実験〕から是認されなければ，疑わしい．それゆえ，少なくとも自然力の作用の一部が，各段階で，決定的な正確さで，観察されない限りは，自然力を対象とする計算は，不確かな基礎の上にあることになる．というのは，その仮説に対する試金石が存在しないからであり，結局，適時を待つことがより望ましい．しかし，もし，計算がそれ相応の有効性を持って行われれば，その計算が関わる領域を新しい現象で豊かにする．それが，すべての時代の経験

〔実験〕が教えるように間接的方法であるにしても．私は，これらの一般的注意を前置きしなければならないと考える．というのは，この一般的注意によって，この論文に，もっと光が投じられるからだけでなく，ガルヴァーニ現象についての計算が未だに大きな成果をもたらしていない理由がここにあるように思われるからである．しかし，この計算は，後で分かるように，ここで必要とされている方向へと，それと関係するとは予期されていなかった他の物理の分野〔熱学〕ですでに進んでいる．

　これらのまえおきの後で，我々は，基本法則そのものの提出に移る．

　3) もし，2つの同じ大きさで，同じ形で，電気的に反対で同じように置かれているが，等しくはない電気力の物体要素 $E$ と $E'$ を互いに適当な距離に置けば，相互に引き合い，電気的平衡がもたらされる．その平衡は，次のことから分かる．2つが電気的状態の中間に実際に達するまで，持続的に，同じように近づく．つまり，2つの要素は，検電器力の差がある限りその電気的状態を相互に，変化させる．そして，この変化は，両方が同一の検電器力に達すると止まる．つまり，この変化は，両要素の電気的差異が一方と他方とで消滅することによる．さて，我々は，次のことを仮定する．2つの要素において，非常に短い時間間隔で生じた〔電気的〕変化が，その時間に存在する検電器力の差と時間間隔の大きさに比例し，電気の物質的な差を考慮しないならば，次のようにはっきりと言うことができる．＋と－の記号の付けられた力は，相反する大きさとして，扱うことができるであろう．つまり，この変化が正確に力の差に従うことは，計算上当然のことであり，最も自然なことである．というのは，そのことが最も単純だからである．その他のことは，経験によって与えられる．ほとんどの物体の内部の電気の運動は，とても素早く起こるので，各部分の変化を非常にまれにしか検知できない．それゆえ，この変化が従う法

則は，経験〔実験〕から見つけだすことがまったく不可能である．このような変化が持続する形で現れるガルヴァーニ現象は，それゆえ，仮定をテストする事に特に興味深いものである．つまり，仮定から導かれた推論が現象によって，完全に確認されれば，その推論は信頼に足りうるし，躊躇することなくすべての類似の研究において，少なくともその力の及ぶ範囲において，適応することができる．

　我々は，今までしてきた実験によって，以下のことを仮定した．もし，ある2つの表面的に等しい性質を持つ要素を通して，それらの要素は同一または異なる物質でできているかもしれないが，それらの電気的状態の相互の変化が生じさせられるならば，一方が失った力の分だけ，他方は力を得る．おそらく，この結果については，実験によりさらに次のことを明らかにされるべきであろう．物体は電気に関して，我々が物体の熱量と呼ばれるものと似たような反応を示すので，我々から提出された結果は，軽微な変更を受けなければならない．そして，我々は，その変更を適当な箇所で提示するであろう．

　4) もし，2つの要素 $E$ および $E'$ が同じ大きさでないとしても，それらのおのおのは，等しい部分の集合体としてみなすことができる．一方の要素 $E$ が完全に等しい部分 $m$ 個から，他方の要素 $E'$ も同様に部分 $m'$ 個から構成されているとし，もし，要素 $E$ と要素 $E'$ が互いの距離に比べて極端に小さいと見なすならば，一方の要素の各部分から他方の要素の各部分までの距離は等しくなり，要素 $E'$ の部分 $m'$ 個のすべてが，要素 $E$ の1つの部分に作用する合計は1個の部分が単独で及ぼす作用の $m'$ 倍になり，要素 $E'$ が要素 $E$ のすべての $m$ 個の部分に作用する合計は，要素 $E'$ の1個の部分が要素 $E$ の1個に及ぼす作用の $mm'$ 倍になる．このことから，次のことが分かる．等しくない要素間の相互作用の互いの関係を知るためには，その作用がそれらの検電器力の差と作用している時間だけでなく，それらの相対的な広がりの大きさ〔2要素の体積や間隔，本当は静電容量〕にも比例すると

考えなければならない．したがって，我々は，要素の大きさに関連した検電器的作用の合計−すなわち，その合計とは，力が広がっている空間の大きさの中での力の作用と理解し，この空間の至る所で同一の力である場合でのことである−この合計を**電気量**〔体積，検電器力の差などに比例〕と名づよう．このことよって，電気の物質的な性質について何かしらのことを確定するつもりはない．この注意がすべての導入された模式的表現に適用され，それなしでは，まったく我々の言語〔物理的表現〕は，たぶん十分な根拠を持って，成立し得ない．

p.96　要素が，互いの距離に比べて小さいとは見なし得ない場合は，両方の要素の広がりの大きさの積のかわりに，それぞれの場合に特別な，それら要素の体積と平均の距離の関数が置かれなければならないであろう．その関数を，それを使うところでは，$F$ と表そう．

　5） 従来，電気的状態の平衡が生じる要素間の相互距離の影響は考慮に入れなかった．というのは，我々は，毎回，いつも同じ距離を互いに保つような要素を，扱ってきたからである．ここで，次の疑問を提出する．その相互作用が，すぐ近くに互いに置かれた要素の間だけで直接行われるのか〔近接作用〕，または，相互作用が隔たって及ぶのか〔遠隔作用〕，そして，一方または他方の仮定において，その相互作用の大きさが，距離によって，どのように変化させられるのか．ラプラスの範例に従って，人々は，微少距離での分子力〔分子間力〕が重要になるような場合には特別な考え方を利用することにした．この

p.97　考え方に従って，限られた距離において，他のものによって分離された2つの要素間の直接の相互作用が生じる．しかし，この作用はたとえどんなに小さかろうと認識可能な距離では，完全に消滅したと見なされるほどはやく減衰する．ラプラスは，この仮説に心を動かされた．というのは，直接の作用は，すぐ近くの要素だけに及ぶという仮定のもとに，方程式を提示したからである．その方程式の各項は変数

p.98 の微分に関するものとは，同じ次元ではないであろうし[1]，その形の違いは，微分計算の本質とまったく違っているものである．必然的に互いに従属する微分方程式の各項の間のこれらの明白で不可避的な不釣り合いは，目立ち過ぎるのである．それでこのような研究に価値を見いだす人々の注意を引かないであろう．だから，この謎の解明に何らか寄与する1つの試み〔ラプラスのものとは違う新しい微分方程式〕は，ここではなおさら不適切ではないであろう．というのは，それによって次の考察をより単純で短くすることに有益であるからであ

p.99 る．その際，ただ単に，電気の運動を基礎に置くであろう．というのは，得られた結果を別種の似たような対象へ転用することが難しくないからである．これについてはあとで他の例で示す機会を得るであろう．

　6) 何よりもまず，我々は，〔2要素間での〕伝導性の概念を確定することが必要とされる．我々は，2点間の伝導性の大きさを同じ状態のもとで，一定の時間である点から他点へ移されれる量〔電気量〕と，2点間の距離に比例する量との積の大きさによって表現する〔定義する〕．2点が広がっているとすると，それらの間の距離については2点の広がりの中央を互いに結んだ直線の距離と理解することができる．これらの知識を2つの電気的物体要素 $E$ と $E'$ に適用し，$s$ をそれらの中央の相互距離とし，$q$ を完全に確定され不変

p.100 な状態のもとで，一方の要素から他方の要素へ移動させられる電気量とし，そして $\chi$ を2要素間に生じる伝導率とすると，次のようになる．

　　　　　$\chi = q \cdot s$　　〔伝導性の大きさの先の定義より〕

　$q$ と名づけられた電気量を我々はより詳しく決めようと思う．No.4〔4〕〕に従って，非常に短い時間のうちに，一方の要素から他方の要素に移される電気量は，一定の距離で一般的に，それらの検電器力の差，時間の長さと，両方の要素のおのおのの大きさに比例する．そこ

で，両方の要素 $E$ と $E'$ の検電器力をそれぞれ $u$ と $u'$ で，それらの体積を $m$ と $m'$ で表すと，微少時間 $dt$ で，$E'$ から $E$ へ移る電気量は，次式になる．

$$amm'(u'-u)dt$$

ここで，$a$ は距離 $s$ に依存するようなある係数を表す．この電気量は，もし，$u'-u$ が変化するなら，各瞬間に変化する．すなわち，検電器力 $u'$ と $u$ が各瞬間で不変だと仮定すると，電気量は，微少時間の大きさ $dt$ に依存する．ここで，微少時間の大きさを時間の単位〔1〕に延長する．その時，電気量はもし，力の差 $u'-u$ が不変で力の単位〔1〕に等しいと置くならば次のようになる．

$$amm' \quad 〔定常状態での電気量〕$$

この電気量は，2 つの要素 $E$ と $E'$ が不変の状態にあるときのもので，常に同一の状態の元で生じる量である．それゆえ，この電気量を伝導率の定義として使用することができる．つまり，$q$ を時間の 1 単位で，検電器力の差が一定で力の 1 単位に等しいもとで，要素 $E'$ から要素 $E$ へ移動する電気量と理解すると，

$$q = amm'$$

そして，

$$\chi = amm's$$

この最後の方程式から値 $amm'$ を導き〔$amm' = \chi/s$〕，それを次の表式

$$amm'(u'-u)dt$$

に代入すれば，微少時間 $dt$ で $E'$ から $E$ へ流出する変化する電気量として次式を得る．

$$\frac{\chi(u'-u)dt}{s} \quad 〔変化する電気量の微分形式〕 \quad (♂)$$

この表現は，まもなく気づくように，先に述べた微分方程式の各項間の不釣り合いを伴わない．

7） 今までのやり方には以下の仮定が基礎に置かれている．一方の要素から他方の要素に及ぼされる作用は，両方の要素の体積の積に比例するであろうし，すでに No.4 で述べたような仮定は，相互作用のもとで，互いに極端に近くに置かれた要素を扱う場合には，もはや承認できない．というのは，その仮定は，物体要素の大きさとそれらの相互距離との間の関係を限定するか，または，これらの要素に決められた形態を規定するからである．それゆえ，変化し，一方の要素から他方の要素へと流れる電気量に対する先に見いだされた式（♂）の長所はとるに足らなくはない．その長所というのは，式がその前提にはまったく依存しないということである．というのは，それぞれの場合において，何が，積 $mm'$ の代わりに置かれたとしても，式（♂）は常に同形になる．というのは，この特質はまったく伝導率 $\chi$ であるからである．すなわち，No.4 で予告されたように，$F$ をこのような場合の 1 つに対応し，両方の要素の体積と中心距離の関数と置けば〔$F=\alpha mm'$〕，明らかに，式

$$\alpha mm'(u-u')dt$$

は

$$F(u-u')dt$$

に変わるだけでなく，方程式

$$\chi = \alpha mm's$$

は

$$\chi = F \cdot s \quad (\odot)$$

に変わる．それで，もし，$F$ の値をこの方程式から導き〔$F=\chi/s$〕，式〔$F(u-u')dt$〕に代入すれば，いつも同じ式

$$\frac{\chi(u-u')dt}{s}$$

になる．また，次の事態も重要なことである．それは，それらの大きさがもはや極端に小さくはなく，もし，すべての点において，各部分がそれぞれ等しい検電器力でありさえすれば，式（♂）は，そのよう

な物体要素に対して，なお有効である．このことから，我々の考察が，微分方程式の本質についていかにぴったり適合するかが分かる．というのは，計算に現れる特性に関してすべての点での同質性は，特に決定的な特質であり，その特質は，微分計算が〔構成〕要素として受け入れるべきものに要求する性質である．

　ラプラスに基づいた方法と我々によって提出された方法とのいくらか徹底した比較をすれば，つまらなくはない対照点に到るであろう．すなわち，極端に短い距離で，極端に小さな質量に対しては，すべての特別な関係は，有限距離での有限質量に対する関係と同じ重要性を持たなければならないことを熟考するならば，いかにして不朽のラプラスの方法が，正しい結果をもたらすかは，すぐには理解することができない．そのラプラスの方法に，我々は，すでに分子作用の本質についての非常に重要な解明を負うており，その方法によれば，要素は常に，有限距離に互いにおかれているように取り扱われるのである．しかしながら，より詳細な検証では，ラプラスの方法は，結局，言ったことと違うことをする〔言った通りにやれない〕．もし要素の変化をその要素を取り巻くすべてのものによって決定し，距離のより高次の累乗は，より低次のものと比べると消えるとすると，このことによって，ラプラスはすべての微分計算の考えにおいて，作用の広さ自体を極端に小さいとし，また一方，ラプラスは実際には作用の広さは有限であるとし，またそのように扱う．このことから，すぐに次のことが分かる．彼は確かに，極端に小さい距離で，極端に小さい要素が，有限な要素と同じだとして取り扱った．それゆえ，もし，我々の表現方法に伴うより大きな確実性と明白性を度外視しようとすれば，この考察において，たぶんいくつかの理由で，ラプラスの方法に反して，我々の方法が有利になるような何かを思い起こさせる．つまり，ラプラスの取り扱いは，与えられた物体要素の特殊性について考慮しないのである．それどころか，考察された空間要素〔体積や間隔〕だけに注目するだけであり，そこから，物体の物理的性質がほとんど完

全に失われてしまう．そこで，我々の主張の真意を例によって明らかにするために，純粋で同一な要素から構成されている自然界の物体を考える．そして，それら要素間の配置は，一方向においては，他の方向とは違う配置であるかもしれない．その場合に，そのような物体は，我々の表現方法ですぐ分かるように，電気を一方向へ，他の方向とは別の方法で伝導する．しかしながら，それらの物体は，それとは関係なしに同質で均一であるように現れる．このような場合が，もし生じたならば，ラプラスによれば，一般的なやり方とはそぐわない考察へと逃げ込まなければならない．それとは逆に，物体が伝導する方法は，1つの手段を与える．その手段を通して，我々はその内部構造を推論する資格を賦与される．内部構造を我々はほとんど完全に知らないのではあるが，推論することを我々は拒絶しない〔喜んで行う〕．最後に次のことを付け加える．この我々が先に導いた分子作用の見解は，熱の理論において，ラプラスとフーリエの2人によってうち立てられた見解を取り込み，そのことによって2つ〔の相違点〕を，互いに和解させる．

8) 物体要素の電気的作用は，その間近を取り囲む要素を越えさせないことに，今や何の疑念もない．その結果，作用は，たとえ短かくても有限の距離で完全に消えてしまう．ほとんど無限の速度で，電気が多くの物体を通り抜けるのに，作用範囲が非常に小さいことは疑わしく思われるかもしれない．しかしながら，我々は，その仮定に関して以下のことを無視することはなかった．つまり，このような場合の我々の比較は，当てにならない感覚的・相対的な判断によってのみなされることであり，それゆえ，とても単純で完結した法則を変更することは，法則から導かれた結論が自然と矛盾するまでは，私達には許されない．そして，我々の対象については，この場合に当たらないと思われる．

我々によって確定された作用の広さは，たとえ限りなく小さくとも，ラプラスによって持ち込まれた，いわゆる有限の作用の広さと完

全に同一の広がりを持つ．なぜなら，低次の累乗に対して，距離のより高次の累乗は消え去るからである．その理由は，すでに述べられたことから簡単に推定される．我々の考えである有限な作用の広さの仮定は，ラプラスが低次の累乗に対して距離のより高次の累乗を保持する場合に相当する．

9）我々が電気的現象を調べるところの物体は，たいてい，空気で取り囲まれている．それゆえ，隣接する空気によって引き起こされるかもしれない変化を考慮に入れることは，全過程を完全に評価することに対して，必要なことである．クーロンが我々に遺した空気中への電気の散逸についての実験によれば，それによって生じる力の損失は，非常に短い一定時間では，少なくとも非常に著しい強度でない時では，一方では電気の強さ〔検電器力〕に比例し，他方では，現下の空気の性質に従い，さらに，同一の空気に対しては一定である係数に依存する．この経験を通して，ガルヴァーニ現象への空気の影響を必要な時には，私達は考慮することができるようになる．しかし，この際，以下のことを見逃すことはできない．クーロンの実験は，平衡状態にあり，もはや励起過程ではない電気について行われたものであり，その電気は，物体の表面に，束縛されているか，またはほんの浅く物体の中へ侵入しているかであることが，観察だけからでなく計算からでも示された．このことから，我々の目的にとって重要である以下の結論が導かれる．その実験においては，存在するすべての電気は，空中へ放出される電気に直接関与することである．この注意と，互いに有限距離にある2つの物体要素は，直接の作用をもはや互いに及ぼさないという，先に述べた法則とを関連させると，以下の結論に至る．電気が，有限物体の全体に一様であるか，または電気のかなりの部分が表面近くに存在しないように広がっている場合は，これは動いている電気では一般に起こり得ないのであるが，このような場合に囲まれている空気を通して起きる損失は，以下の場合と比較して，

ずっと少ないはずである．その場合とは，これはまた実際に起こるのであるが，平衡にいたった時にはいつでもそうであるように，すべての力が表面に存在する場合である．それゆえ以下のことも明らかになる．閉じられた良導体から成る回路でのガルヴァーニ現象に関して，空気は目立った影響を及ぼさない．それゆえ，接触電気の現象において空気の存在によって引き起こされた変化は無視することができる．この結論は，以下の状況によって，さらに新しい支持を得る．上の場合には，接触電気は，ごくわずかな時間だけ導体にとどまり，それゆえ，たとえ接触電気が空気と完全に直接接触している状態であろうとも，接触電気はほんのわずかな部分だけ空気に与えられるであろう．

たとえ，上述したことによって，通常のガルヴァーニ回路の作用の大きさに及ぼす空気の影響は，知覚し得る影響はないことが疑いないとしても，この結論の逆のことは決して容認されるべきではない．つまり，〔逆に〕ガルヴァーニ導体が，空気の電気的状態に目立つ影響を及ぼさないとは言えない．なぜなら，一方の物体が他方の物体に及ぼす検電器的作用は，計算が示すように，一方の物体から他方の物体へ移される電気量とは直接関係ないからである．

10) ついに，我々は，すべての自然科学にとって，最高に重要な経験則に達した．すべての現象の基礎をなす，その経験則を，我々はガルヴァニズムの名で呼ぶ．そして，その経験則は以下のように表される．すなわち，互いに接触した異なる性質の物体は，接触箇所に，持続的でまったく同一の検電器力の差を維持する〔接触電位差〕．この差は，その本質から生じる反発によるものであり，この反発を我々は，「電気的張力」(electrische Spannung) または，「物体の不和」(Differenz der Körper) という表現で表すこととする．定理〔経験則〕は，明確性を欠くことなく，一般性をもって上述したように表現された．この定理が一般性を持つとは，どの様な現象に関してもほとんど常にこの定理が参照されることを意味する．前述の定理は，完全

に一般的に，ヴォルタ電堆での検電器的現象の説明に関しては，明確でなく暗黙のうちであっても，常に，すべての物理学者によって採用されている．物体要素が互いにいかに作用するかの仕方に関して，我々が先に明らかにした概念によれば，直接互いに触れ合う物体要素の中にこの現象の根源を捜し出さなければならないし，また，無限に小さい範囲で，一方の物体から他方の物体への〔検電器力の〕飛び移りを生じさせなければならない．

11) 準備が整ったので，本題へ移り，最初に，同質で円柱状または角柱状の物体での電気運動に目を向ける．

その物体の中で，軸に垂直に置かれた切断面の全範囲におけるすべての点は，同時刻に，同一の検電器力である．だから，電気の運動は軸方向へのみ起こる．その物体をそのような切断面だけで，無限に小さい厚さの切片に分け，各切片〔薄くスライスしたもの〕のすべての範囲で検電器力が変わらないと考えると，明らかに，切片の各組すべてに対して，No.6で与えた式 $(\sigma^7)$ 〔$\chi(u'-u)dt/s$〕は，一方の切片から他方の切片へ移る電気量の決定に適用できる．しかし，前の番号でなされた無限に小さい距離に対する作用範囲の制限によって，ここでは，電気量の特性が，分母〔No.6式の $s$〕が無限に小さいことをやめると電気量が消滅するように変更される．

無限に多くの切断面の1つに固定した横座標の始めを選び〔$x=0$〕，どこかに第2の切断面を考え，前者からの距離を $x$ と表し，$dx$ をそこにある切片の厚さとし，その切片を $M$ と名づけるとする．切片の厚さをすべての点で，同じだと考え，時刻 $t$ で，横座標が $x$ である切片 $M$ で存在する検電器力を $u$ と名づけると，$u$ は一般的に $t$ と $x$ の関数になるであろう．さらに，$u'$ と $u$, を $u$ によって明らかになる関数とし，もし，それらが $x$ に対して，それぞれ $x+dx$，$x-dx$ に置かれるならば，$u'$ と $u$, は，明らかに切片 $M$ の両側に隣接した切片の検電器力を表す．ここから，$x+dx$ にある切片を $M'$ で，$x-dx$ にある切片を $M$, と表す

と，切片 $M$ の中心から，切片 $M'$, $M_,$ の中心の距離が $dx$ であることは明らかである．したがって，No.6 で与えられた式（♂）によると，もし，$\chi$ を切片 $M'$ から切片 $M$ への伝導率とすると，

$$\frac{\chi(u'-u)dt}{dx}$$

は電気量であり，それは時間要素 $dt$ の間に，$u'-u$ がプラスかマイナスかに応じて切片 $M'$ から $M$ へ移るか，または，後者から前者に移る．まったく同様に，もし，切片 $M_,$ と切片 $M$ 間が同じ伝導率だとすると，

$$\frac{\chi(u_,-u)dt}{dx}$$

これは，もし，この式がプラスであれば，$M_,$ から $M$ へ移る電気量であり，マイナスであれば，$M$ から $M_,$ へ移る電気量である．切片 $M$ が，物体内部の電気移動によって，時間要素 $dt$ でこうむる電気量の全変化量は，したがって，以下のようになる．

$$\frac{\chi(u'+u_,-2u)dt}{dx}$$

そして，もしこの値がプラスであれば，電気量の増大を表し，逆ならば，その減少を表す．

さて，テーラーの定理より，

$$u' = u + (du/dx) \cdot dx + (d^2u/dx^2) \cdot (dx^2/2) + \cdots$$

まったく同様に，

$$u_, = u - (du/dx) \cdot dx + (d^2u/dx^2) \cdot (dx^2/2) - \cdots$$

それゆえ

$$u' + u_, = 2u + (d^2u/dx^2)dx^2$$

このことにより，切片 $M$ における電気量の時間 $dt$ での全変化量に対して，先に見いだされた式は，以下のように変わる．

$$\chi \cdot (d^2u/dx^2) dx dt$$

ここで $\chi$ は，1 つの切片からとなりに隣接した切片までの伝導率と

し，それは，均質の物体の全長に渡り，一定だとする．ここで，以下のことに注意すべきである．この値 $\chi$ は，無限に小さい作用範囲のゆえに，円柱状または角柱状物体の横断面積に比例する．それゆえ，この横断面積の大きさを $\omega$ で表し，この要素〔$\omega$〕を値 $\chi$ から分け，残りの部分はそのまま $\chi$ と名づけておくと〔つまり，$\chi$ を $\chi\omega$ に置き換える〕，すぐ前の式は以下のように変わる．

$$\chi\omega(d^2u/dx^2)dxdt$$

ここで，この式での物体の伝導率 $\chi$ は，切断面の広さに依存しないとし，これを我々は，物体の「**絶対伝導率**」と名づけよう．一方，前のものに対しては，「**相対伝導率**」と呼ぶことができる．今から，伝導率という言葉が，より詳細な表示なしで現れる場合は，いつも，絶対伝導率ということで理解する．

今まで，我々は，切片に接する空気によって受ける変化について考慮しなかった．この影響は，以下のように簡単に決めることができる．つまり，$c$ をその横座標が $x$ である切片の外周とすると，$cdx$ は切片の表面の空気に接している部分である〔外側面〕．すなわち，No.9 で引用したクーロンの実験によれば，

$$bcudxdt$$

が電気量の変化であり，これは，切片 $M$ が，空中への電気の移行によって，時間要素 $dt$ 間でこうむる変化である．ここで，$b$ は，その都度の空気の性質に依存し，同一の空気に対しては一定の係数〔定数〕を表す．この変化は $u$ がプラスなら減少を，マイナスなら増大を表す．我々の最初の仮定により，この作用は，物体の同一の断面において，検電器力の不均一を引き起こさないか，少なくとも，この不均一は，他の数値測定には，知覚される変化をもたらさないほど，ほんのわずかでなければならない．上述のことは，ガルヴァーニ回路では，ほとんど常に仮定されうる．

したがって，切片 $M$ が $dt$ 時間でこうむる電気量の全変化は，

$$\chi\omega(d^2u/dx^2)dxdt - bcudxdt$$

ここで，電気の運動によって物体の内部にもたらされた部分だけでなく，周りの空気が引き起こした部分も含む．

切片 $M$ に存在する検電器力 $u$ の時間 $dt$ で引き起こされる全変化量は，

$$(du/dt)dt$$

したがって，切片 $M$ において時間 $dt$ での電気量の全変化は，

$$\omega(du/dt)dxdt \quad 〔\omega dx は体積〕$$

その際には，すべての状況において，検電器力の同一の変化は，電気量の同一の変化に対応することが仮定される．もし，同一の広がりを持つ異なる物体が，同一の電気量によって，その検電器力に異なる変化を受けるということが，実験から導かれるならば，先の式に，さらに，異なる物体の特質を表す係数 $\gamma$ を付け加えなければならない．実験は，物体に対する熱の伝導から転用した〔電気の移動の〕この推論について，何の決定もまだ下していない．

切片 $M$ で，時間要素 $dt$ における電気量の全変化に対して，少し前に見いだされた2つの式を等しいと置き，その方程式のすべての項を $\omega dxdt$ でわると，次式を得る．

$$\gamma(du/dt) = \chi(d^2u/dx^2) - (bc/\omega)u \quad (a)$$

この式から，検電器力 $u$ が $x$ と $t$ の関数として決定される．

12) 我々は，すぐ前の番号〔No.11〕で，切片 $M'$ と $M$ との間で，時間 $dt$ 間に起こる電気量の変化として次式を見いだした．

$$\frac{\chi(u'-u)dt}{dx}$$

そして，次のことが分かった．もし，この式がプラスなら，電気の移動方向は，座標の進行方向と反対であり，これとは反対に，もし，この式がマイナスなら，座標の方向へ移動する．同様に，切片 $M$, と $M$ の間の〔電気の〕移行の大きさは，その方向について〔先と〕同一の関係とすれば，以下のようになる．

$$\frac{\chi(u,-u)dt}{dx}$$

この $u'$ と $u$, に対する 2 つの式において，同じ番号の所で，与えた変形〔テーラー展開〕と，同時に，$\chi$ に対して $\chi\omega$，すなわち，相対伝導率の代わりに，絶対伝導率を置くと，両式の場合，次のようになる．

$$\chi\omega(du/dx)dt$$

p.121 ここから，時間要素 $dt$ 間で切片 $M$ の片側から入り込む電気量と同一のものが，同一時間で，再び切片 $M$ から反対側へ向けて送り出されることが明らかになる．時刻 $t$ で，横座標が $x$ である切片 $M$ において起こっている単位時間では不変な強さである電気の推進を考え，それを**電気的流れ（電流，elektrischer Strom）**と名づけ，そして，その流れの大きさを $S$ と表すと，$S$ は次のようになる．

$$S=\chi\omega(du/dx) \tag{b}$$

その際，$S$ がプラスであれば，その流れは，座標の方向とは反対に生じ，マイナスであれば，座標の方向に生じる．

13) 前述の 2 つの番号の中で，我々は常に，同質の角柱状の物体を念頭に置き，そして，その中での電気の伝播を以下の仮定の下に研究してきた．その仮定とは，その物体の長さまたは軸に垂直に置かれ

p.122 た切片の全広がりの中では，同一の検電器力が任意の時刻に存在するであろうとすることである．さて，我々は，もし，異なる金属からなる角柱状の 2 つの物体 $A$ と $B$ が，並んで置かれており，共有の底面で接している場合を熟考しよう．2 つの物体 $A$ と $B$ に 1 つの座標の原点を決め，物体 $A$ の検電器力を $u$ で，物体 $B$ のそれを $u'$ で表すと，$u$ ならびに $u'$ は，もし，$\chi$ がおのおの，各物体の特別な材質に相応するような値を持つならば，No.11 の方程式 (a) によって決められる．そして，$u$ が $t$ と $x$ の関数であり，その値は，座標 $x$ が物体 $A$ の所にある時にのみもつとし，それに反して，$u'$ は $t$ と $x$ の関数であり，その値は，座標 $x$ が物体 $B$ にある時にのみもつとする．ここで，共有の

底面には，さらに特別な条件があり，その条件に我々は取りかかりたい．我々は，この目的のために，$u$ と $u'$ の特別な値を，共有な底面のすぐ近くにとり，その値を一般的にカッコを付けることによって表すとすると，No.10 で提出された法則により，この特別な値の間には，次の方程式が成り立つ．

$$(u)-(u')=a$$

ここで，$a$ は両方の物体の性質に依存し，さらに，一定値であるとする〔電気的張力，接触電位差のこと〕．検電器力と関係があるこの条件と並んで，さらに2つ目の条件があり，それは，電気的流れに関連するものである．この2つ目の条件では，電気的流れは2つの物体の共有の底面において，同じ大きさで同じ方向を持たなければならないことであり，または，もし，共有の要素 $\omega$〔横断面積〕を使うならば，

$$\chi\omega(du/dx)=\chi'\omega(du'/ux) \quad 〔\text{p.121} \ S=\cdots (b) 式〕$$

でなければならないことである．ここで，$\chi$ は物体 $A$ の絶対伝導率，$\chi'$ は物体 $B$ のそれを表し，$(du/dx)$, $(du'/dx)$ は，$du/dx$, $du'/dx$ の特別な値を意味し，その値は共有な底面での値になるべきであり，かつまた，共有な底面には座標の原点はない．この最後の方程式の必要性は簡単に理解される．なぜなら，共有な底面で両方の流れが等しくなくて，一方の物体から底面への供給が，底面から他方の物体へ運び去られるものより多くて，その差が，全体の流れの有限部分であるならば，検電器力がそこに増大しなければならないし，さらに，非常に短い時間で，電気的流れが異常に増えるときには，極端に高い程度まで〔検電器力が〕達しなければならない．その事は，実験がずっと前から示していたことであろう〔しかし，そんなことはない〕．さらに，おそらく，一方の物体から共有な底面へ，他方の物体が得る電気量より少ない量の電気が与えられることはない．というのは，この状況は，負電気の無限に高い程度によって，はっきりするはずだ〔しかし，そんなことはない〕．

前述の規定の妥当性に関して，互いに接合した2つの物体が，同一

の底面を持つということは必ずしも必要ではない．すなわち，おそらく，一方の角柱状の物体における切断面は，他方の物体と比べて，異なる大きさと形でもかまわない．もし，そのことによって，同一の断面積の異なる場所での検電器力が，目立つほど違わないならば．そのことは，電気が平均化しようとする大きな力のもとでは，常に起こる．というのは，その物体は良い伝導であり，その長さは他の寸法より遙かに勝るからである．この場合〔互いの断面積が違う場合〕，すべては前のことと同じようになるが，ただし至る所で物体 $B$ の横断面積は，$A$ のそれと違うはずである．それゆえ，2番目の条件方程式は，2つの物体が接合しているところでは，次式に変わる．

$$\chi\omega(du/dx)=\chi'\omega'(du'/dx)$$

ここで，$\omega$ は物体 $A$ の横断面積であるが，$\omega'$ は物体 $B$ のそれとし，それは，前のものは異なる．

さらに，物体 $A$ の延長上に，2つの互いに分離された角柱状の物体 $B$ と $C$ があるとし，そして，その2つは，物体 $A$ の底面に直接接している．ここで，$\chi'$，$\omega'$，$u'$ を物体 $B$ の，$\chi''$，$\omega''$，$u''$ を物体 $C$ の，$\chi$，$\omega$，$u$ を物体 $A$ のものを表すとすると，1つの条件方程式の代わりに，次の2つの式を得る．

$$(u)-(u')=a$$
$$(u)-(u'')=a'$$

ここで，$a$ は物体 $AB$ 間の電気的張力，$a'$ は物体 $AC$ 間のそれとする．同様に，2番目の条件方程式の代わりに，次式を得る．

$$\chi\omega(du/dx)=\chi'\omega'(du'/dx)=\chi''\omega''(du''/dx)$$

もし，もっと多くの物体が，互いに結合された場合には，この方程式は，どのように変わらなければならないかはすぐ分かる．我々は，この面倒な事については，さらに立ち入らない．なぜなら，先に言ったことで十分だからであり，このような場合，方程式が受けなければならない変更は，十分に見通せるからである．

14) 間違いを避けるために，私は，ここで，一般的考察の最後に，我々の公式が普遍性を持つ適応範囲を再び厳密に示したい．我々の全研究は，次の場合に制限する．すなわち，同一の横断面のすべての部分で同一の検電器力であり，そして，横断面積が少なくとも一方の物体と他方の物体で互いに異なる場合である．それにも関わらず，事の本質は，しばしば，この条件の一方または他方を不要にするか，または，少なくともその重要性を減らすという状況を導き出す．そのような状況の知識は，有益でなくはないので，そのような状況の大切な所をここで，1つの実例によって説明しよう．

銅と亜鉛，そして1つの水溶液からなる回路は，上述の式に，以下の場合ならば完全に従うであろう．つまり，銅と亜鉛が角柱状で同じ断面積であり，さらに，液体も同様に角柱状で，同じかまたは十分に小さい横断面であり，そして，その底面が至るところで，金属と接触されている場合である〔1対の電堆のようなもの〕．もし，液体に関する後者の条件が実現された場合には，金属がお互いに同じ横断面を持とうが持つまいが，そして，その金属の全横断面，または，その横断面の一部の場所で互いに接触していようと，そして，その上，その形が，角柱状から著しく相違していようとも，いつも回路は，我々の式から導かれた法則に，従わなければならないだろう〔横断面や形には関係ない〕．なぜならば，金属の中で，非常に容易に生じる電気の運動は，液体の伝導しない特性によって，極端に妨げられるので，金属全体に等しい強さで広がるための時間が十分にある．そして，液体の中では，我々の計算の基礎になっている条件が，再び作り出される．しかし，もし，角柱状の液体がその底面の極度に小さい部分で，金属と接触されるならば〔先と逆の場合〕，話はまったく別になる．なぜなら，そこへ到達する電気は，緩慢で，著しい力の損失を伴い，液体の底面の接触していない場所で，広がるかもしれない．それゆえ，流れは，まったくいろいろの方法と方向に生じる．そのような流れの実体は，**ポール**の何度も改良された実験によって，十分に実証され，計

算によるその決定には，今，数学が熱学をめぐる実り多い努力によって得られた功績によって，記号の混乱以外にじゃまをするものは何もない．その決定は，流れを1つの次元だけで追求するこの小論の限界を，遥かに越すので，我々は，その事を適時に延期する．

さて，我々は，提示した式の適用に移り，簡単に概観するために，全体を2つの部分（章）に分ける．1つは，検電器的現象に関して，もう1つは，電気的流れの現象について扱うであろう．

### B) 検電器的現象

15) 我々の上述の一般的限定では，常に角柱状の物体を念頭に置き，その軸上に横座標がとられ，その軸は直線であった．しかし，そこでのすべての考察は，以下の場合でもまったく同じである．つまり，導体が一定に曲がっているとし，さらに，横座標を導体の曲げられた軸上にとったとしてもである．この注釈によって，前記の公式は初めて完全に応用が利くのである．なぜならば，ガルヴァーニ回路は，その特性上，めったに直線には伸ばされることがないであろうからである．このことを前置きして，早速，非常に単純なケースに移る．ここで，角柱の導体は，その全長に渡って，同一の物質からできており，元に戻るように曲がっており，その両端が互いに接触しているところに，電気的張力（elektrische Spanung）の発生源を考える．このケースには，自然界に似たものがないのであるけれども，それにも関わらず，このケースは，他の現実に存在するケースの考察において，少なからぬ有用性があるであろう．

そのような1つの角柱状物体の任意の場所での検電器力は，No.11で導かれた微分方程式（a）から導かれる．その目的のためには，微分方程式を積分し，その積分の中の特別な任意の関数又は定数は，その問題の付随する条件によって決めることだけで十分である．しかし，この仕事は，我々の対象では，1つまたは2つの項は，事の本性

によって，方程式から省略される事によって，たいてい非常に簡単になるであろう．ほとんどすべてのガルヴァーニ作用は，その現象が発生するとすぐに，持続的で不変である本性のものである．それゆえ，この場合，検電器力は，時間に依存しない．だから，方程式（a）は，次のようになる〔時間で微分した項は0になる〕．

$$0 = \chi(d^2u/dx^2) - (bc/\omega)u$$

p.132　さらに，すでにNo.9で注釈しておいたように，ほとんどの場合，周囲の空気は，ガルヴァーニ回路の電気的性質に影響を及ぼさない．そこで，$b=0$なので，先の方程式は，以下のように変更される．

$$0 = (d^2u/dx^2)$$

この最後の方程式の積分は，

$$u = fx + c \tag{c}$$

ここで，$f$と$c$は，任意に決定すべき定数とする．したがって，空気の誘導が，無視でき，その作用は時間によって変化しないようなすべてのケースにおいては，この方程式（c）は，均質で角柱状の導体での電気的分布の法則を表す．ガルヴァーニ回路に最も良く現れる状況に，我々は，最も長くとどまる〔論ずる〕であろう．

　導体の両端に現れる張力によって，1つの定数を決定する．その張力は不変であり，それぞれの場合，与えられていると見なす．すなわ

p.133　ち，横座標の原点を物体の軸のどこかに考え，一方の端の横座標を$x_1$と表すと，そこでの検電器力は，方程式（c）に従って，

$$fx_1 + c$$

同様にして，他方の端の検電器力は，その横座標を$x_2$と表すと，次のようになる．

$$fx_2 + c$$

ここで，これらの端に与えられた張力または検電器力の差を$a$と名づけると，

$$a = \pm f(x_1 - x_2)$$

$x_1 - x_2$は明らかに，角柱状の物体の全長で，プラスかマイナスかであ

るとし，それを $\ell$ で表すと，
$$a = \pm f\ell$$
ここから定数 $f$ が決定される〔$f = \pm a/\ell$〕．こうして見つけた定数の値を方程式（c）へ代入すると，次のように変更される．
$$u = \pm (a/\ell)x + c$$

そこで，決定すべき定数 $c$ がまだ残っているだけである．この符号 $\pm$ の二重性を以下のことによって張力 $a$ の中へ含めることができる．つまり，もし，より大きな横座標上にある導体の端が，より大きい検電器力を持つならば，張力 $a$ をプラスの値に書き換える．反対ならば，張力 $a$ にマイナスの値をおく．この仮定の下に，一般的に，
$$u = (a/\ell)x + c \tag{d}$$

定数 $c$ は，一般的には完全に不定である．それによって，我々は導体の中の電気分布を，外部影響によって，随意に，導体全体至る所で同じような方法で，意のままに変化させることができる．

定数に関して，さまざまな条件を考える際に，ガルヴァーニ回路は，以下のことが特に重要なことである．つまり，それは，回路がある場所で，完全なアースと結合されたと仮定することであり，そうすると，その場所での検電器力は，永久になくなったと見なされる．その場所の横座標を $\lambda$ と名付けると，方程式（d）にしたがって，
$$0 = (a/\ell)\lambda + c$$
この式から，定数 $c$ を決定し〔$c = -(a/\ell)\lambda$〕，この値を方程式（d）に代入すれば，以下のようになる．
$$u = (a/\ell)(x - \lambda)$$
ここから，横座標が $\lambda$ である場所でアースされた，長さ $\ell$，張力 $a$ のガルヴァーニ回路の検電器力が，他の各点で求められる．

もし，外へアースする代わりに〔逆に〕，ガルヴァーニ回路の外から，横座標が $\lambda$ で，検電器力が持続的に絶えず与えられた強さ——その強さを $\alpha$ で表す——であるようにある一定で完全な引き込みが与えられたと強いて仮定すると〔導線を接続して電池などで検電器力を与え

る〕，方程式の定数 $c$ が求まる．すなわち，

$$\alpha = (a/\ell)\lambda + c$$

それで，回路の他の各点での検電器力は次のように決定される．〔$c = \alpha - (a/\ell)\lambda$〕

$$u = (a/\ell)(x - \lambda) + \alpha$$

我々は，回路のある場所での検電器力が，外部の状況によって決められる場合，いかにして，定数 $c$ が決定されるか見てきた．しかし，ここで以下の質問がでる．もし，回路が完全に自由状態〔外部条件がない状態〕で，したがって，定数の値が外部条件から推定され得ない場合，どの値を定数として与えるべきなのかということである．この質問に対する答えは，以下の考察の中にある．それは，毎回，両方の電気〔＋と－の電気〕は，同時に同じ量で，あらかじめ中立な状態から生じるということである．それゆえ，以下のことが主張される．完全に中性〔中立〕で，絶縁された状態からなっている種類の単純な回路は，接触点のこちら側とあちら側で，等しいが，相反する電気的状態がとられる．ここから，その中央は中立〔電気的にゼロ〕であることが結論される．同じ理由から，以下のことも理解される．すなわち，もし回路が，瞬間的に，何らかの理由で，通常の状態からそれるようなことが引き起こされたなら，回路が外の力によって，新たな変化が起こされるまで，回路は異常状態を維持するのである．

単純なガルヴァーニ回路の特性は，先に考察したように，方程式 (d) からすぐに明らかになるように，本質的に次のことから成り立つ．

a) そのような回路の検電器力は，導体の全長に渡り，連続的に変化し，同じ区域では，常に同じ大きさである．その時，両端を互いに接合した所だけでは，検電器力は突然に〔不連続的に〕，しかも，一方の端から他方の端にかけて全張力分だけ変化する．

b) もし，回路のある場所で，何かによって，原因が引き起こされたならば，回路の電気的状態は変化するので，同時に，回路の他

p.138 のすべての場所で変化し，さらにその変化〔原因〕と同じ大きさ分変化する．

16) さて，我々は，2つの部分 $P$ と $P'$ から成り立っているガルヴァーニ回路を仮定する．その2つの接触点においては，異なる電気的張力が支配しており，この場合，熱電対を含むとする〔回路に2つの異なる熱電対がつながっている〕．部分 $P$ の検電器力を $u$，$P'$ の検電器力を $u'$ と名づけると，先の No. により，ここで，そこでの場合を2度繰り返すと，方程式（c）に従って，

$$u = fx + c$$

これは部分 $P$ に対してのものであり，

$$u' = f'x + c'$$

これは，部分 $P'$ に対するものである．ここで，$f$, $c$, $f'$, $c'$ は我々の研究の特別な状況から導かれるべき任意で一定の大きさであり，それぞれの方程式は，横座標がそれぞれの方程式が属する部分にある間だけ有効である．ここで，座標の原点を，部分 $P$ の接触点の1つに置き，横座標の方向を部分 $P$ の内部へ進行する方へとる．さらに，部分 $P$ の長さを $\ell$ で，部分 $P'$ の長さを $\ell'$ で表す．最後に，$u_1$ と $u_2'$〔原文順序間違い〕を接触点 $x=0$ での $u$ と $u'$ の値とし，$u_2$ と $u_1'$ を接触点 $x=\ell$ での $u$ と $u'$ の値とすると，次のようになる．

p.139

$$u_2' = f'(\ell+\ell') + c' \quad [x=\ell+\ell'] \qquad u_1 = c \quad [x=0]$$
$$u_2 = f\ell + c \quad [x=\ell] \qquad\qquad u_1' = f'\ell + c' \quad [x=\ell]$$

ここで，接触点 $x=0$ で生じる張力を $a$ と名づけ，接触点 $x=\ell$ での張力を $a'$ と名づける．そして，〔その張力の値を式の〕同形ゆえに，常に以下のように決める．各接触点での張力は，常に以下のような値として得られる．当該の場所が属するその端，つまり，その横座標が〔検電器力の〕飛躍が行われる前で最初に接合した端での検電器力から，他端での検電器力を引き去ることによって得られる（以下のことを理解することは難しくはない．この一般規則の中に，先の No. で提

p.140 出された規則は包含されており，基本的に，このような接触点での張力は，以下の場合には，プラスと見なされるであろうということしか述べていない．その場合とはつまり，座標の方向に〔検電器力の〕飛躍がある場合に，より大きな検電器力からより小さな検電器力に飛び移る場合である．反対の場合には，マイナスと見なされるであろう．しかし，ここで，以下のことを見逃すことはできない．どのプラスの力もいかなるマイナスの力より大きく，マイナスの力も本当に小さな検電器力より大きいと見なされるということである）．したがって，以下のことが得られる．

$$a = f'(\ell+\ell') + c' - c \quad 〔u_2' - u_1〕$$

そして，

$$a' = f\ell - f'\ell + c - c' \quad 〔u_2 - u'_1〕$$

ここから，すぐに次式が導かれる．

$$a + a' = f\ell + f'\ell'$$

さて，もし，$\chi$ と $\omega$ を部分 $P$ の伝導率と横断面とし，$\chi'$ と $\omega'$ を部分 $P'$ のそれとすると，No.13 で展開した考察に従って，各接触点において，次の条件方程式が成り立つ．

$$\chi\omega(du/dx) = \chi'\omega'(du'/dx)$$

ここで，$(du/dx)$, $(du'/dx)$ は $du/dx$, $du'/dx$ の接触点での値を表

p.141 す．この No. の始めに回路の各部分の検電器力を決定するために立てられた方程式から〔$u = fx + c$, $u = f'x + c'$〕，$x$ について許された値〔の範囲〕では，以下の式が得られる．

$$du/dx = f, \quad du'/dx = f'$$

これにより，先の条件方程式は，次のように変わる．

$$\chi\omega f = \chi'\omega' f'$$

これと張力から導いた方程式 $a + a' = f\ell + f'\ell'$ とから，$f$ と $f'$ の値が，以下のように求まる．〔両式を連立方程式として解く〕

$$f = (a+a')\chi'\omega'/(\chi'\omega'\ell + \chi\omega\ell')$$

$$f' = (a+a')\chi\omega/(\chi'\omega'\ell + \chi\omega\ell')$$

この値を使うと，以下のことが見いだされる．〔p.140の$a'$の式を使って〕
$$c' = c - a' + (a+a')(\chi'\omega'\ell - \chi\omega\ell)/(\chi'\omega'\ell + \chi\omega\ell')$$
これから，回路の部分$P$における検電器力を決定するための方程式が導かれる．〔$u = fx + c$ より〕，
$$u = \frac{(a+a')\chi'\omega'x}{\chi'\omega'\ell + \chi\omega\ell'} + c$$
部分$P'$での方程式は，〔$u' = f'x + c'$ より〕
$$u' = \frac{(a+a')(\chi\omega x - \chi\omega\ell + \chi'\omega'\ell)}{\chi'\omega'\ell + \chi\omega\ell'} - a' + c$$
$\ell/\chi\omega$と$\ell'/\chi'\omega'$の代わりに，$\lambda$と$\lambda'$とおくと，これらの方程式は次の単純な形にする事ができる．

$$\left. \begin{aligned} u &= \frac{a+a'}{\lambda+\lambda'} \cdot \frac{x}{\chi\omega} + c \\ u' &= \frac{a+a'}{\lambda+\lambda'} \left( \frac{x-\ell}{\chi'\omega'} + \frac{\ell}{\chi\omega} \right) - a' + c \end{aligned} \right\} \quad \text{(L)}$$

これらの方程式の形から，次のことがすぐ分かる．もし，伝導能力または，横断面積の大きさが，両方の部分で同じならば，そのことによって，$u$と$u'$に対する式は，伝導率または横断面積を表す文字〔ダッシュのこと〕が完全に消える以外は何の変化も受けない．

17) 我々は，さらにもう1つのガルヴァーニ回路に目を向けようと思う．それは3つの異なる部分$P$と$P'$そして$P''$から成り立っており，この場合は，液体電池を含む．

$u, u', u''$をそれぞれ部分$P, P', P''$の検電器力を表すとすると，No.15により，方程式（c）に従って，3回繰り返す．部分$P$に関しては，
$$u = fx + c$$
部分$P'$に関しては，
$$u = f'x + c'$$
そして，部分$P''$に関しては，

$$u''=f''x+c''$$

ここで, $f$, $f'$, $f''$, $c$, $c'$, $c''$ は，我々の研究の特性からさらに決定されるべき定数とする．そして，各方程式はその横座標が，方程式に属する部分を表す限りにおいて，意味を持つ．さて，座標の原点を部分 $P$ と部分 $P''$ が結合している部分 $P$ の端に置き，座標の方向を，$P$ から $P'$ へ，そして，そこから $P''$ へ向かう方向にとる．さらに，それぞれ，$\ell$, $\ell'$, $\ell''$ で，部分 $P$, $P'$, $P''$ の長さを表す．最後に，$u''_2$, $u_1$ を接触点 $x=0$ での $u''$ と $u$ の値とし，$u_2$ と $u'_1$ 〔原文 $u'$ はまちがい〕は，接触点 $x=\ell$ での $u$ と $u'$ の値とする．$u'_2$ と $u''_1$ は，接触点 $x=\ell+\ell'$ での $u'$ と $u''$ の値とすると，次式を得る．

$$u''_2=f''(\ell+\ell'+\ell'')+c'' \qquad u_1=c$$
$$u_2=f\ell+c \qquad u'_1=f'\ell+c'$$
$$u'_2=f'(\ell+\ell')+c' \qquad u''_1=f''(\ell+\ell')+c''$$

$a$ を接触点 $x=0$ で生じる張力，$a'$ を接触点 $x=\ell$ で生じる張力，そして，$a''$ を $x=\ell+\ell'$ で生じる検電器力と名づけると，先の No. で定められた一般的規則に正確に従うならば，次式を得る．

$$a=f''(\ell+\ell'+\ell'')+c''-c \qquad \text{〔}a=u''_2-u_1\text{ より〕}$$
$$a'=f\ell-f'\ell+c-c' \qquad \text{〔}a'=u_2-u'_1\text{ より〕}$$
$$a''=f'(\ell+\ell')-f''(\ell+\ell')+c'-c'' \qquad \text{〔}a''=u'_2-u''_1\text{ より〕}$$

そして，これから，

$$a+a'+a''=f\ell+f'\ell'+f''\ell''$$

$\chi$ と $\omega$ を部分 $P$ の伝導率と横断面積，$\chi'$ と $\omega'$ を部分 $P'$ のそれを，そして，$\chi''$ と $\omega''$ を部分 $P''$ とすれば，各接触点において，No.13 で展開した考察にしたがって，次の条件方程式が成り立つ．

$$\chi\omega(du/dx)=\chi'\omega'(du'/dx)=\chi''\omega''(du''/dx)$$

ここで，$(du/dx)$ $(du'/dx)$ $(du''/dx)$ は，接触点に属する $du/dx$, $du'/dx$, $du''/dx$ の特別な値とする．この No. のはじめの方で，回路の各部分での検電器力を決定するために立てられた方程式から，$x$ について許された値〔の範囲〕では，以下の式が得られる．

$du/dx=f,\ du'/dx=f',\ du''/dx=f''$

これにより，先の条件方程式は，次のように変わる．

$$\chi\omega f=\chi'\omega'f'=\chi''\omega''f''$$

これと張力から導いた $f,\ f',\ f''$ に関する方程式〔$a+a'+a''=f\ell+f'\ell'+f''\ell''$〕から，$\ell/\chi\omega,\ \ell'/\chi'\omega',\ \ell''/\chi''\omega''$ をそれぞれ $\lambda,\ \lambda',\ \lambda''$ とおくと，以下のように求まる．

$$f=\frac{a+a'+a''}{\lambda+\lambda'+\lambda''}\cdot\frac{1}{\chi\omega}$$

$$f'=\frac{a+a'+a''}{\lambda+\lambda'+\lambda''}\cdot\frac{1}{\chi'\omega'}$$

$$f''=\frac{a+a'+a''}{\lambda+\lambda'+\lambda''}\cdot\frac{1}{\chi''\omega''}$$

そして，この値を使うとさらに，次式が求まる．

〔p.144 の $a'$ 式より $c'$ を求める〕．

$$c'=\frac{a+a'+a''}{\lambda+\lambda'+\lambda''}\cdot\left(\frac{\ell}{\chi\omega}-\frac{\ell}{\chi'\omega'}\right)-a'+c$$

〔p.144 の $a''$ 式より，上式 $c'$ も利用して $c''$ を求める〕．

$$c''=\frac{a+a'+a''}{\lambda+\lambda'+\lambda''}\cdot\left(\frac{\ell}{\chi'\omega'}-\frac{\ell+\ell'}{\chi''\omega''}+\frac{\ell}{\chi\omega}\right)-(a'+a'')+c$$

これらの値を代入することによって，回路の部分 $P,\ P',\ P''$ における検電器力を決定する方程式がそれぞれ以下のように求まる〔p.143 の $u,\ u',\ u''$ に上式を代入〕．

$$\left.\begin{aligned}u&=\frac{a+a'+a''}{\lambda+\lambda'+\lambda''}\cdot\frac{x}{\chi\omega}+c\\u'&=\frac{a+a'+a''}{\lambda+\lambda'+\lambda''}\cdot\left(\frac{x-\ell}{\chi'\omega'}-\frac{\ell}{\chi\omega}\right)-a'+c\\u''&=\frac{a+a'+a''}{\lambda+\lambda'+\lambda''}\cdot\left(\frac{x-(\ell+\ell')}{\chi''\omega''}+\frac{\ell'}{\chi'\omega'}+\frac{\ell}{\chi\omega}\right)-(a'+a'')+c\end{aligned}\right\}\ (\text{L}')$$

そして，$\chi$ または $\omega$ (だけでなく，明らかに $\lambda,\ \lambda',\ \lambda''$ の式でも) の

文字〔文字に付いているダッシュ〕の省略によって，つまり$\chi=\chi'=\chi''$，または，$\omega=\omega'=\omega''$の場合には，その方程式が正しいことを確信することは難しくはない．

18) これらの数少ないケースでも，以下のことのためには十分である．それは，検電器力について見いだされた式の発展法則を知ること，そして，それらの検電器力すべてを，1つの唯一の一般式にまとめることである．このことを，より見通し良く必要な簡潔さで行うことができるために，我々は，回路のある均質な部分の長さと，それの伝導率と横断面積との積からなる商をその部分の**換算長**と名づけよう．そして，全回路，または，いくつかの異なる均質部分から成り立つような回路の1部分について注目するならば，そのすべての部分の換算長の和は，その〔全〕換算長として理解する．このことを前置きした後で，方程式 ($L$) と ($L'$) により与えられたすべての先の検電器力として与えられた式は，次の一般的定理として，まとめられる．この一般定理は，回路がどのようにたくさんの部分から成っているとしても有効なのである．

任意の多くの部分が集まってできたガルヴァーニ回路のどこかの1点〔座標$x$〕での検電器力は，以下のようにして求められる〔例えば ($L'$) の$u''$の式で考えてみる〕．回路のすべての張力の合計〔$a+a'+a''$〕を回路の換算長〔$\lambda+\lambda'+\lambda''$〕で割り，その商にその座標が含むところの〔原点からその座標までの〕回路の部分の換算長〔$x-(\ell+\ell')/\chi''\omega''+\ell/\chi'\omega'+\ell/\chi\omega$〕をかける．そして，この結果から，その座標が飛び越した〔原点からその座標までの間にある〕すべての張力の和〔$a'+a''$〕を取り去る．最後に，そうして得られた値に，どこか他から決定する大きさの定数〔$c$〕だけ変更する．

そこで，$A$で回路のすべての張力の和を，$L$で回路の全換算長を，$y$でその座標が通る部分の換算長を，そして，$O$でその座標が飛び越すすべての張力の和を，最後に$u$で回路の任意の1点〔座標$x$〕での

検電器力を表すと，
$$u = (A/L)y - O + c \quad 〔序論 p.32 の式と同じ〕$$
ここで，$c$ はまだ未定であるが，一定の大きさとする．

回路の検電器力に対して，このように変形された極端に簡潔な式によって，普遍性と簡潔性を一緒にすることが可能になる．その目的のために，さらに $y$ を，**換算座標**と名付けたい．この方程式の形は，なおも以下のように，特別な長所を持つ．それは，回路の一部で，張力や伝導率が絶えず変化している場合であっても何の制限もなく有効である．なぜなら，この場合には，単に和の代わりに，相応の積分をとり，その限界〔積分範囲の上限と下限〕を，式の性質から決める．

$O$ は，回路の同一の均質部分の全範囲の内部の中では，その値は変わらず，$y$ はその範囲の同じ区域ごとに，常に同じ分だけ変化するので，明らかに，どのガルヴァーニ回路においても，すでに単純な回路において低次の普遍性で証明された以下の特性〔下の (a)，(b)〕が現れる．この特性の中に，ガルヴァーニ回路の重要な特性が言い表される．

a) 回路の 1 つの均質部分の電気力〔検電器力〕は，その部分の全長にわたり，連続的に，同じ距離ごとに，常に同じだけ変化する．しかし，その均質部分が，終わるところや別の均質部分が始まるところでは，検電器力は，突然，その場所に存在する全張力分だけ変化する．

b) もし，回路のある 1 点で，いかなる原因によって，その電気的状態が変化させられようとも，同時に，回路の他のすべての場所で，その検電器力を変え，しかも同じ大きさだけ変える．

定数 $c$ は，この規則にしたがって，回路のある場所での検電器力を知ることによって決定される．すなわち，$u'$ を回路のある 1 点での検電器力，その換算座標を $y'$ とすると，今立てられた普遍方程式は，次のようになる．
$$u' = (A/L)y' - O' - c$$
ここで，$O'$ は，座標 $y'$ が飛び越えた張力の合計とする．すべての場所

p.151 で同じく成立するすぐ前の方程式から，回路の決められた場所で成り立つ方程式を引き去ると

$$u-u'=(A/L)(y-y')-(O-O')$$

この式の中には，もはや決定すべき他のものは何も残ってはいない．

　回路の形成において，まったくアースまたは引き込みがされていなければ，定数 $c$ は，回路に存在するすべての電気はゼロであるに違いないという状況から求まる．この決定は，基本法則による．すなわち，あらかじめ中立状態から2つの電気〔プラスとマイナス〕は，常に，同時に，同量に，生じると言うことである．このような場合，定数 $c$ をどのように見いだすかの方法を，例で説明するために我々は，No.16で扱ったケースを，ここで，再び採用する．回路の部分 $P$ では一般的に，

$$u=(A/L)y+c \qquad ここで，y=x/\chi\omega$$

そして，部分 $P'$ では常に，

$$u'=(A/L)y-a'+c \qquad ここで，y=(x-\ell)/\chi'\omega'+\lambda$$

〔原文 $u$ はまちがい〕．

p.152 部分 $P$ の要素の大きさ〔体積素片〕は $\omega dx$ または $\chi\omega^2 dy$ 〔$y=x/\chi\omega$ より $dx=\chi\omega dy$〕，部分 $P$ のそれは，$\omega' dx$ または $\chi'\omega'^2 dy$ なので，最初の部分の要素に含む電気量は，

$$\chi\omega^2 dy\left(\frac{A}{L}y+c\right)$$

〔体積に検電器力 $u$ をかけると電気量になると考えている．本当は体積ではなく静電容量である〕．

そして，2番目の部分の要素が含む電気量は

$$\chi'\omega'^2 dy\left(\frac{A}{L}y-a'+c\right)$$

さて，2つの上記の式の最初の式を $y=0$ から $y=\lambda$ まで積分すると，部分 $P$ 全体に含まれる電気量は

$$\chi\omega^2\left[\frac{A}{2L}\lambda^2+c\lambda\right]$$

同様に，2番目の式を $y=\lambda$ から $y=\lambda+\lambda'$ まで積分すると部分 $P'$ 全体に含まれる電気量は，

$$\chi'\omega'^2\left[\frac{A}{2L}(\lambda'^2+2\lambda\lambda')-a'\lambda'+c\lambda'\right]$$

これら，2つの最後に求めた電気量の合計〔$P+P'$〕は，先に述べた基本法則によれば，ゼロでなければならない．このことから，定数 $c$ を決定するのに必要な方程式が得られる．ここで，$\lambda$ と $\lambda'$ は部分 $P$ と部分 $P'$ に対する換算長であることに注意しさえすれば良い．

　我々は，今まで暗黙のうちに常に正の座標だけを前提としてきた．しかし，負の座標を持ち込んでも良いことを確かめることは難しくはない．なぜなら，$-y$ を回路のある点でのそのような負の換算座標とすると，$L-y$ は同じ点での正の換算座標であり〔$L$ を回路1周の換算座標と考える〕，この座標に対して，得られた普遍方程式は有効である．それゆえ，

$$u=(A/L)(L-y)-O+c$$

または，

$$u=-(A/L)y-(O-A)+c$$

〔この式の方が，現代流の電圧降下の考えに似ている〕．
しかし，No.16 で説明した普遍的規則を考慮すれば，$O-A$ は負の座標から飛び越す張力の和を明らかに表す．ここから，方程式は，負の座標に対しても，その今までの重要性をなおも完全に保持することが分かる．

　19）ガルヴァーニ回路を組み立てる1つの部分が，電気の不導体，すなわち，その伝導率がゼロであるような物体部とすると，全換算長は，無限大になる．そこで，座標は決して不導体部分には入らせないようにし，それによって換算座標 $y$ は，常に有限値をとるという規則を科すと，普遍的法則は，この場合，次のように変わる．

$$u=-O+c \quad \text{〔p.148 式で } L=\infty \text{ より〕}$$

この式は以下のことを示す．すなわち，検電器力は，回路のおのおのの均質部分のそれぞれの全範囲において至る所で同一であり〔電流が流れないことから〕，1つの部分から異なる部分へ〔移る時〕だけ，その接触点にある全張力分〔接触電位差分〕だけ急激に変化する．

この方程式の定数 $c$ を決定するために，検電器力が，回路のある場所で与えられているとする．この検電器力を $u'$，その座標を飛び越える張力の合計を $O'$ と名づけると，

$$u - u' = -(O - O')$$

開かれた，すなわち，不導体で断絶されたガルヴァーニ回路で，2つの任意の点での検電器力の差〔$u-u'$〕は，その2点間にある張力の和に等しく，しかも，その和に与えるべき符号は，すでに，単に観察から常に簡単に決めることができる．

20) 我々は，ガルヴァーニ回路の特質にさらに言及したい．それは，特別な考慮に値する．この目的のために我々は，回路の均質部分の1つにもっぱら注目する．そして，簡単のために，座標の原点をその1つの端に置くと考え，座標〔の方向〕は，その他端の方向へとるとする．我々は，その部分の換算長を $\lambda$，回路のその他の部分の換算長を $\Lambda$ と名づける．そうすると，その部分の長さ $\lambda$ の区間では

$$u = (A/(\Lambda+\lambda))y + c$$

この方程式は，また，次の形にもすることができる．

$$u = \frac{\dfrac{A\lambda}{\Lambda+\lambda}}{\lambda} \cdot y + c$$

〔分母の $\lambda$ が全換算長に相当し，分子の $(A\lambda/\Lambda+\lambda)$ が全張力に相当する〕．

したがって，単純で均質な回路で，その両端に張力 $A\lambda/\Lambda+\lambda$ が現れる場合，区域 $\lambda$ が存在する〔すなわち，部分 $\lambda$ では，張力が全張力 $A$ の $\lambda/\Lambda+\lambda$ 倍に分配される〕．したがって，$A$ はヴォルタ電堆で達成

されるような知覚される値を持ち，そして，比 $\lambda/(\Lambda+\lambda)$ が単位〔1〕に近づくならば，張力 $A\lambda/(\Lambda+\lambda)$ も，非常に目立った〔感知しうる〕ものになる．したがって，区域 $\lambda$ の広がりにおいて，張力のいくつかの段差をうまく観測しうるはずである．この結論は，重要である．なぜなら，単純な回路において，極度に弱い力のために，もはや張力の段差が起こらない時に，結合された回路での電気分布の法則をも分かる方法が手に入るからである．他に以下のこともすぐに分かる．同一の張力のもとでは，$\lambda$ は $\Lambda$ に比べてより大きくなればなるほど，この現象がますます強くなる．

p.157　　21) すべてのガルヴァーニ回路に特有の現象は，回路の検電器力をいつでもまったく自由に突然変化させることができることである．この現象は，その種の回路の先に見いだされた特性に基づく．すなわち，すでに述べたように，ガルヴァーニ回路の各点は，1か所で起こった変化と同一の変化をこうむるので，ある特定の場所での検電器力に1つの値を与えたり，また別の値を与えたりする事ができる．この変化の中で，以下の変化がもっとも注目すべき変化である．それは，アースすることによって，すなわち，回路のある場所，または他の場所での検電器力を消し去ることによって，もたらすことができる変化である．しかし，その変化の大きさは，〔回路の〕張力の大きさに，その自然な限界を持つ．

　　この現象ともう1つの現象群とが直接関係している．ある与えられたガルヴァーニ回路に電気力が分布している区域〔体積〕を $r$ と名

p.158　付ける．$u$ を，外部物体 $M$ と直接接続している場所での検電器力，$u'$ を，物体 $M$ の接触前に持っていた同一の回路の同一の場所での検電器力とする．しからば，$u'-u$ は明らかにこの場所で生じた検電器力の変化である．それで，この変化は，回路の他のすべての場所で，一様に起こるので，$r(u'-u)$ は，回路の全体に生じた変化を表す電気量であり〔体積×検電器力＝電気量と考えている〕，したがって，物体

$M$ へ移った電気量でもある．そこで，平衡状態において，物体 $M$ のすべての点における検電器力は，その物体 $M$ にあり，至る所で等しい強さであるとする．そして，検電器力が物体 $M$ に広がっている区域〔体積〕を $R$ で表すと，物体 $M$ の検電器力は明らかに，$r(u'-u)/R$ である．この力は，平衡状態における $u$ に等しい．そして，$u$ は，もし，この接触した場所で，新しい張力が現れなければ，物体 $M$ で接触した回路の場所でとられたものである．この仮定のもとに，

$$u = r(u'-u)/R$$

ここから，

$$u = ru'/(r+R)$$

この方程式から，以下のことが分かる．物体 $M$ での検電器力は，接触前の接触点での〔値 $u'$〕より，小さくなる．また，2つ〔$u$ と $u'$〕は，$r$ が $R$ に比べて大きくなればなるほど，互いに等しくなってくる．もし，$R$ を不変の大きさと見なすと，検電器力 $u$ と $u'$ の比〔$r/(r+R)$〕は，単に，回路の中で電気が分布する区域〔体積〕の大きさに依存する〔$R$ が不変なので $r$ だけに依存する〕．それゆえ，物体 $M$ の検電器力をその最大値に以下のようにして，近づけることができる．すなわち，とにかく回路の寸法を増大することによって回路の体積を増加するか，あるいはまた，回路のどこかに，他の物体を付加することによって．もし，物体が電気の導体で，新たに張力を生じさせなければ，この効果については，物体の性質にはまったく依存せず，すべての効果は，その空間的大きさだけに依存する．付加した物体が無限に大きい空間を占めるとすると，それは，回路がどこかで完全にアースされた場合に現れるのであるが，その時には，物体 $M$ の検電器力は，常に，回路の物体によって接触された場所で持つ検電器力に等しい．

　この作用をコンデンサトールの働きと連関するために，以下のことを考慮しなければならない．それは，大きさ〔体積〕が $R$ でその増強数（Verstärkungszahl）〔静電容量の逆数〕が $m$ であり，大きさ $mR$ の普通の導体に等しいと置けるようなコンデンサトール〔外部導体と

考える〕である．しかし，以下の差異がある．つまり，その検電器力は，普通の導体の検電器力の $m$ 倍になる．そこで，$u$ をコンデンサトールの検電器力と名付け，コンデンサトールを，回路の検電器力が $u'$ である場所に結合すれば，次式を得る．

$$u = mru'/(r+mR)$$

これから，以下の結論が出る．もし，$r$ が $mR$ に比べて非常に大きいならば，コンデンサトール〔の検電器力〕は，接触された場所の $m$ 倍になるであろう．しかし，$r$ が $R$ に等しいか小さいようなら，コンデンサトール〔の検電器力〕は弱まるであろう．それゆえ，回路のどこかで付加された物体は，大きければ大きいほど，コンデンサトールの指標を最大値へ近づけるであろう．そして，どこかで接触した回路は，コンデンサトールにおいて，常に強化の最大値〔$m$〕を引き起こすであろう〔このことが，後年，回路の検電器力の測定に利用されることとなる〕．

　上述の規定は，コンデンサトールの一方の板が絶えずアースされていることを前提とする．ここで，さらに次の〔別の〕場合に目を向けようと思う．それは，絶縁されたコンデンサトールの2枚の板がガルヴァーニ回路の異なる場所に結合された場合である．第1に，以下のことが明らかである．コンデンサトールの2枚の板は，自由電気において，同一の差をとるであろう．そして，回路とコンデンサトールが接触している回路の異なる場所は，ガルヴァーニ作用の特有性により，同一の差を無条件に要求する．それで，$d$ を回路の2点での検電器力の差とし，$u$ をコンデンサトールの一方の板の自由電気とすれば，$u+d$ は，他方の板の自由電気であり〔検電器力と電気量を混同している〕，そして，熟知され自由でコンデンサトールの板に存在する電気から，板にある実際に存在する電気を見つけることが重要である．この目的のために，$A$ を自由電気が $u+d$ である板〔他方の板〕における実際の電気と名づけると，$A-u-d$ は，同じ板の束縛された分量〔束縛電気のこと⇔自由電気〕であるとする〔束縛電気＝実際に存在する

電気−自由電気〕．同様に，$B$ を一方の板の電気の実際の強度と名づければ，$B-u$ は，その自由電気が $u$ である板〔一方の板〕における束縛電気の分量を表す．$n$ を，他方の板の実際の電気〔$A$ または $B$〕に対する一方の板の束縛電気〔$B-u$ または $A-u-d$〕の比を表すとすると〔$n=(B-u)/A$ または $n=(A-u-d)/B$〕，次の 2 つの方程式が成り立つ〔2 つの板での電気量 $A$ と $B$ が反対であることを考慮すると〕．

$$A-u-d+nB=0$$
$$B-u+nA=0$$

この方程式から，値 $A$ と $B$ は，次のようになる．すなわち，

$$A=(d+u(1-n))/(1-n^2)$$
$$B=(u(1-n)-nd)/(1-n^2)$$

コンデンサトールの理論から，$m$ がコンデンサトールの倍率であるなら，$1-n^2=1/m$ であることが知られている〔原文 $1-n=1/m$ は間違い〕．それゆえ，$A$ と $B$ の式の $1-n^2$ の代わりに $1/m$ とおき，同様に，$n$ の代わりに $1-1/2m$ とおく．このことは，$m$ が，一般的に非常に大きな数を表すときに許される〔$n=(1-1/m)^{1/2}\approx 1-1/2m$〕．しからば，次のようになる．

$$A=md+(1/2)u$$
$$B=-md+(1/2)u+(1/2)d$$

次に，もし，$m$ が非常に大きい数で，$u$ が $d$ と比べて著しく大きくはなければ，大きな誤差なく，以下のようにおける．

$$A=md$$
$$B=-md$$

この式の中に，以下のような良く知られた法則が言い表されている．それは，もし，ヴォルタ電堆の 2 つの異なる場所〔両極〕に絶縁されたコンデンサトールの 2 つの板を結合させるならば，コンデンサトールは，あたかも，他方の板とそれに対する電堆の場所をアースされたかのように，各板に同じ電荷を得る．同様に，この法則は，もし，$u$ が $md$ に対してもはや小さいとは見なされ得ないときには真実でなく

なることが我々の考察から分かる．この場合は，例えば，以下のようなときに起こる．すなわち，非常に多くの要素から成り立っている電堆の下方の極を大地とアースしている時に，このヴォルタ電堆の孤立した極の上方近くにコンデンサトールの極板を接触したような場合である．

　ガルヴァーニ回路が，その電気を他の物体にいかに与えるかの方法についての先に与えた法則，それは，問題の解明にとって，他に望むべきことはないように〔十分であると〕思われるが，その法則は，まったく違う種類で少なからぬ興味を引く実験へのきっかけを与えるかもしれない．すなわち，理論的考察だけでなく，電気の流れにおいて試みられた実験によっても，以下のことは，疑問の余地がない．つまり，動かされた電気〔自由電気〕は物体の中に突き進み，それゆえ，その量は，物質的体積に従うし，一方，物体の表面にとどまっている〔動かない〕電気〔束縛電気＝静電気〕は，集まり，それゆえ，その量は表面積に依存する．このことから，以下のようになるであろう．閉じられたガルヴァーニ回路で，$r$は前の式で，回路の体積を表すであろうし，反対に，開いた回路では，表面積を表すであろう．それについて，実験で，大きな困難なくして，決定できるであろう．

　22)　先に，我々は，周りの空気は，影響を及ばさず，すでに定常状態になっている回路に着目した．そして，この回路を詳細に扱った．このことは，回路に現象の非常に多くの豊かさと非常に鮮明な輝きとを結びつけることになるからである．しかし，ここで他の回路が，まったく結局得る所がないようにしないために，我々は，それらの回路で，その都度最も簡単なケースで行うべき方法を示唆し，そして，たとえ，遠くからであっても，それらの回路で進むべき道を，はっきりと示すつもりである．

　もし，ガルヴァーニ回路に対する空気の影響を考慮したいならば，No.11の方程式（a）の項$\chi(d^2u/dx^2)$にさらに，項$(bc/\omega)u$を加え

なければならない．しからば，定常状態の回路に対して，$du/dt=0$ であるから，方程式は，次のようになる．

$$0=\chi\frac{d^2u}{dx^2}-\frac{bc}{\omega}u$$

または，$(bc/\chi\omega)=\beta^2$ と置けば，

$$0=\frac{d^2u}{dx^2}-\beta^2 u$$

この方程式の積分は，

$$u=c\cdot e^{\beta x}+d\cdot e^{-\beta x}$$

ここで，$e$ は自然対数の底であり，$c, d$ は任意で問題の他の条件から決定すべき定数とする．

　全回路の長さを $2\ell$ とし，座標の原点を，回路の励起点から，両側に向けて，等距離離れた場所に置く〔回路の中央〕．さらに，励起点で，存在する張力を $a$ で表すと，次のようになる．

$$a=(c-d)(e^{\beta\ell}+e^{-\beta\ell})\quad\text{〔}x=\ell\text{ での }u\text{ と }x=-\ell\text{ での }u\text{ の差が }a\text{ より〕}$$

ここで，先の方程式を

$$u=(c-d)e^{\beta x}+d(e^{\beta x}+e^{-\beta x})$$

と書き〔変形し〕，$c-d$ のかわりに先に見いだされた値〔$a=\cdots$ の式より〕を代入すると，次のようになる．

$$u=\frac{ae^{\beta x}}{e^{\beta\ell}+e^{-\beta\ell}}+d(e^{\beta x}+e^{-\beta x})$$

ここで，他の定数の決定のために以下のように仮定する．もし，回路の検電器力が回路の任意の点で与えられている場合，励起点に存在する検電器力の両方の合計が知られており，$b$ に等しく〔p.117, p.119 の空気の状態に依存する定数とは違うもの〕，その状態がいつも現れるとすると以下のようになる．〔$x=\ell$ と $x=-\ell$ での和〕

$$b=\frac{a(e^{\beta\ell}+e^{-\beta\ell})}{e^{\beta\ell}+e^{-\beta\ell}}+2d(e^{\beta\ell}+e^{-\beta\ell})$$

そして，その後の代入と適切な変形により〔$b=$ の式より $d$ を導き，$u$

p.168

$$u = \frac{1/2a(e^{\beta x}-e^{-\beta x})}{e^{\beta \ell}-e^{-\beta \ell}} + \frac{1/2b(e^{\beta x}+e^{-\beta x})}{e^{\beta \ell}+e^{-\beta \ell}}$$

＝の式の $d$ へ代入する〕.

この式は, $b=0$, すなわち, 外からまったく影響されない回路では次のようになる.

$$u = \frac{1/2a(e^{\beta x}-e^{-\beta x})}{e^{\beta \ell}-e^{-\beta \ell}}$$

回路の全範囲に渡って, 均質で角柱状の回路に適用される上記の方程式は, $\beta=0$ なら, 再び前のように回路に及ばす空気の影響が無視される場合には, その同じ状況の下で与えられた方程式になる〔$\beta$ で分母子を微分し, $\beta \to 0$ とすると $u=(a/2\ell)x$〕. $\beta^2=(b/\chi) \cdot (c/\omega)$ なので, ガルヴァーニ回路に及ばす空気の影響は, 空気の伝導率〔$b$ のこと〕が, 回路〔の伝導率 $\chi$〕と比べて, より小さいほど, そして, 商 $c/\omega$ がより小さいほど, なお一層小さくなる. 商 $c/\omega$ は, 導体の切片の物質的体積に対する空気によって取り囲まれる導体の切片の表面積の比〔$cdx/\omega dx$〕を表し, それゆえ, $c/\omega$ は常に, 無限に小さいと

p.169

見なして良いと考えられるであろう. 一方, 以下のことを見過ごすことはできない. 我々はここで, 数学的ではなく, 物理的な決定をしなければならない. なぜなら, 厳密に言うと, $c$ は表面ではなく, 空気が直接影響を与える回路の切片の部分とするからであり〔p.117, $c$ は切片の外周の長さ〕, そして, $\omega$ は, 結局, 回路の中を前進し続ける電気が通る回路の切片の部分以外の何ものでもない〔つまり断面積〕. 一般的に, $c$ は $\omega$ と比べて確かに比較できないほど小さいが, 多かれ少なかれ乾電堆〔液体を使わないもの「ダンネマン大自然科学史 7 巻」p.176〜p.180 参照〕の場合のように, 電気的流れは, かろうじて流れ, それゆえ非常にゆっくりと移動できる. 先の No. でのことを思い起こせば, $c$ の大きさは, $\omega$ の大きさにたぶん近づくはずである. なぜなら, 素速い流れ特有であること〔の状態〕から, 完全に平衡に達するまで, その都度の状況によって制限された漸次的変化が, 現れ

なければならないからである．これは，今後の研究に広い分野を開く．

23) 乾電堆でよく起こるように，回路の定常状態がすぐには現れない場合，それまでの回路の変化を，調べるために，完全な方程式

$$\gamma \frac{du}{dt} = \chi \frac{d^2u}{dx^2} - \frac{bc}{\omega}u \qquad (*)$$

に基づかなければならない．なぜなら，この時には，$du/dt=0$ とすることができないからであり，そして，項 $(bc/\omega)u$ は，空気の影響を考慮するか，しないかに応じて，式にそのまま残されるか，または，式から除かれなければならない．前の No. のように，再び $\beta^2=(bc/\chi\omega)$，そして，さらに $\chi/\gamma=\chi'$ とおくと，先の方程式は，次のように変わる．

$$\frac{du}{dt} = \chi'\left(\frac{d^2u}{dx^2} - \beta^2 u\right)$$

そして，仮定 $\beta=0$ によって，空気の作用が無効になることがすぐに気づくであろう．

先の場合，$u$ は $x$ と $t$ の関数であり，その関数は，時間 $t$ が大きくなるにつれ，$t$ への依存はより少なくなり，最後には，単に $x$ の関数になる．そして，その関数は，回路の定常状態を表し，その性質を我々はすでに知っている．我々は，この最後の関数〔定常状態の関数〕を $u'$ と表し，$u=u'+\nu$ とおくと，$\nu$ は明らかに $x$ と $t$ の関数である．そして，その関数は，回路の定常状態からのズレを教え，それゆえ，一定時間の経過後には，完全に消滅する．そこで，方程式（*）の $u$ のかわりに $u'+\nu$ とおき，$u'$ が $t$ によらず，以下のような性質であることを考慮すると，

$$0 = d^2u'/dx^2 - \beta^2 u'$$

関数 $\nu$ を決定する方程式

$$d\nu/dt = \chi'(d^2\nu/dx^2 - \beta^2\nu) \qquad ()$$

が残る．この式は，方程式（＊）とまったく同じ形ではあるが，$\nu$は$u$とは異なる性質の$x$と$t$の関数であることが方程式（＊）とは異なる．そして，このことにより$\nu$の最終的な決定を非常に容易にする．

　この形式の方程式（）の積分は，ラプラスによって最初に得られており，次式になる．

$$\nu = \frac{e^{-\chi'\beta^2 t}}{\sqrt{\pi}} \int e^{-y^2} f(x+2y\sqrt{\chi' t}) dy \qquad (♀)$$

ここで，$e$は自然対数の底であり，$\pi$は，直径に対する円周の比〔円周率〕である〔$y$は換算座標〕．そして，$f$は，対象の特別な性質から決定される関数を表す．一方，積分の限界は，$y=-\infty$から$y=+\infty$までとらなければならない．$t=0$に対して，$\nu=fx$になる．なぜなら，指示された限界の間で，$\int e^{-y^2} dy = \sqrt{\pi}$になるからである．このことから，以下のことが分かる．関数$\nu$は，$t=0$である特別な場合に見つけだされる時には，そのことによって，$fx$〔$=\nu$〕をも，それゆえ任意関数$f$をとにかく知ることができる．さて，時間$t$を，回路の両端を接触することによって，張力が現れた瞬間から測ったときには，一般的に$\nu=u-u'$であるので，$u$は，$t=0$で，明らかに，この両端で決まった値を持ち，回路の他のすべての場所で，$u=0$である〔張力がまだ回路の中に伝わっていかないと考えている〕．それゆえ，回路の広がりにわたって，$t=0$なら，一般的に，$\nu=-u'$〔$u=0$だから〕であり，同じ時点で，回路の両端で$\nu=u-u'$である．それゆえ，接触した最初の瞬間から，まったくそのままになっている回路を考えると，回路の両端では，常に$\nu=0$であり，それで，$t=0$で回路の内部で$\nu=-u'$であり，回路の両端で$\nu=0$である．我々の先の研究によれば，回路の各点での$u'$は，既知であると見なされ得るので，$t=0$での$\nu$についてもこのことは有効である．したがって，$x$が回路の場所にある限り，我々は，任意関数$fx$の形が分かる．

　それにもかかわらず，$\nu$を決定するために与えられた積分は，関数$fx$の$x$についてすべての正の値と負の値についての知識を必要とす

る．このことによって，熱伝導の研究が教えてくれるように変形によって，上記の方程式をそのような形にしなければならない．そして，その形は，回路の広がりの中で，関数 $fx$ の知識を前提とするものである．今の場合〔問題〕について適応しうる変形は，もし，$2\ell$ が回路の長さを表し，座標の原点をその中央に置くならば[2]，以下のようになる．

$$\nu = \frac{e^{-\chi'\beta^2 t}}{\ell}\left[\sum\left(e^{\frac{-\chi'i^2\pi^2 t}{\ell^2}} \cdot \sin\frac{i\pi x}{\ell}\int \sin\frac{i\pi y}{\ell}fy\,dy\right)\right.$$
$$\left.+ \sum\left(e^{\frac{-(2i-1)^2\pi^2 t}{4\ell^2}}\cos\frac{(2i-1)\pi x}{2\ell}\int\cos\frac{(2i-1)\pi y}{2\ell}fy\,dy\right)\right]$$

ここで，和は $i=1$ から $i=\infty$ まで，積分は，$y=-\ell$ から $y=+\ell$ までとらなければならない．ここで，この方程式の $fx$〔$fy$〕に対して，その値 $-u'$ を置き，その際に，前の No. に従い〔p.168〕，$a$ が接触点での張力を表すときは，我々の仮定より

$$u' = \frac{\frac{1}{2}a(e^{\beta x}-e^{-\beta x})}{e^{\beta\ell}-e^{-\beta\ell}}$$

となり，これ〔$\nu$ の式〕を積分すれば，示された限界の間で〔第1項は〕

$$\frac{1}{2}a\int\sin\frac{i\pi y}{\ell}\cdot\frac{e^{\beta y}-e^{-\beta y}}{e^{\beta\ell}-e^{-\beta\ell}}\cdot dy = -\frac{ai\pi\ell\cos i\pi}{i^2\pi^2+\beta^2\ell^2}$$

そして，

$$\frac{1}{2}a\int\frac{e^{\beta y}-e^{-\beta y}}{e^{\beta\ell}-e^{-\beta\ell}}\cdot\cos\frac{(2i-1)\pi y}{2\ell}\cdot dy = 0$$

〔$\nu$ の第2項ゼロ〕となるので，$\nu$ を決定するための方程式は，

$$\nu = a\cdot e^{-\chi'\beta^2 t}\sum\left(\frac{i\pi\sin\frac{i\pi(\ell+x)}{\ell}}{i^2\pi^2+\beta^2\ell^2}\cdot e^{\frac{-\chi'\pi^2 i^2 t}{\ell^2}}\right)$$

〔ここで正弦×余弦の公式を利用した〕．そして，結局，$u = u' + \nu$ なので

$$u=\frac{\frac{1}{2}a(e^{\beta x}-e^{-\beta x})}{e^{\beta \ell}-e^{-\beta \ell}}+a\cdot e^{-\chi'\beta^2 t}$$

$$\times \sum\left(\frac{i\pi \sin\frac{i\pi(\ell+x)}{\ell}}{i^2\pi^2+\beta^2\ell^2}\cdot e^{\frac{-\chi'\pi^2 i^2 t}{\ell^2}}\right)$$

この方程式は，$\beta=0$ では，すなわち，空気の影響を考慮すべきでない時には，以下のようになる．

$$u=\frac{a}{2\ell}x+a\sum\left(\frac{1}{i\pi}\sin\frac{i\pi(\ell+x)}{\ell}\cdot e^{\frac{-\chi'\pi^2 i^2 t}{\ell^2}}\right)$$

$u$ を決定するために見いだされた方程式の中の右辺の 2 番目の項の値は，時間（$t$）が経つにつれてますます小さくなり，ついには，完全になくなってしまうことがすぐ分かる．その時に，回路の定常状態が現れる．この時点は，式の形から分かるように，低下された伝導率〔$\chi'$〕と，さらに大きな割合で回路の増大された長さ〔$\ell$〕とによって，先へ延ばされる．

　この $u$ に対して見いだされた式は，回路が，我々が前提したように，外的攪乱によらずとも，自然な状態へと変位させられた場合でも，まったく有効である．もし，回路がある時刻に，ある外的誘因によって，例えば，ある場所をアースする事によって強制的に変化された〔別の〕定常状態に近づくならば，変化は，前記の方法が用いられる．そして，その変化は別の機会に説明しようと思う．さらに，以下のことを注意しておく．ガルヴァーニ回路に関するこの最後の種類のものにおいて，乾電堆や特に異常に換算長が大きい回路で，観察された特別の現象を探し出さなければならない．この回路の種類には，もし，回路の長さが長いことの影響が，伝導率の増大や横断面積の増大によって再び無効にされないならば，バーゼ，エルマン，そしてアルディニの実験で使われた非常に長い回路も属する．

## C）電気的流れ（電流）の現象

24） No.12 で説明されたことにしたがって，角柱状物体での電流の大きさは，その物体の各点で，一般的に以下の方程式によって表される．

$$S = \omega \chi (du/dx)$$

ここで，$S$ は電流の大きさ，$u$ は座標が $x$ の回路の点での検電器力を表し，$\omega$ は角柱状物体の横断面積，$\chi$ は同一場所での伝導率とする．この式と No.18 で任意数の部分から成りたっているそれぞれの回路に対して見いだされた一般方程式とを結びつけるために，以下のように式を書く．

$$S = \omega \chi (du/dy)(dy/dx) \quad 〔y：換算座標 x/\chi\omega〕$$

そして，$du/dy$ に対して，それぞれの一般方程式〔$u=(A/L)y-O+c$〕から明らかになる値 $A/L$ を置き，$dy/dx$ に対して，同一の No. からたやすく推測される値 $1/\chi\omega$ を置く．そして，この2つの値は，2つの励起点の間にある各点において，有効であり，その場合には，〔$S$ の式は〕以下のようにまったく簡単になる．

$$S = A/L \quad 〔現代流には，I = V/R〕$$

ここで，$L$ は回路の全換算長を，$A$ は回路のすべての張力の和を表す．この方程式を用いて，多くの角柱部分が集まってできたガルヴァーニ回路の電流の大きさが分かる．ここで，この回路は，定常状態になっており，周りの空気から何の影響も受けず，各部分の個々の横断面積は，その横断面積のすべての点において同一の検電器力である．このことが特に最もよく起こる場合であるので，この結果を非常に綿密に分析しよう．

$A$ は回路に存在するすべての張力の和，$L$ はすべての個々の部分の換算長の和であるとするので，この見つけだした方程式から次の一般的なガルヴァーニ回路の電流に関する特性が明らかになる．

I．電流は，ガルヴァーニ回路のすべての場所で，まったく同じ大きさであり，〔すでに〕見てきたように決められた場所での検電器力を定める定数 $c$ の値には依存しない．開いた回路では，すべての電流は，完全になくなる．なぜならば，この場合には，換算長 $L$ が無限大の値をとるからである．

II．ガルヴァーニ回路の電流の大きさは，以下の場合には変化しない．それは，回路のすべての張力の和と全換算長がまったく変わらないか，または，同一の比で変化する場合である．電流は，換算長が同じである場合には，張力の和の大きさにしたがって増加し，張力の和が同じ時には，回路の換算長の大きさにしたがって減少する．この一般法則から，我々は，さらに，次の特別な法則を引き出そうと思う．

a) 回路が構成されている部分の置き換えによる個々の励起点の順番や配置の相違は，張力の和が同じであれば電流の大きさには影響しない．それで，例えば，銅，銀，鉛，亜鉛と液体の順で成っている回路では，たとえ，銀と鉛の場所を入れ替えたとしても電流は変わらないであろう．なぜなら，金属で観察される張力法則によれば，この入れ替えによって，個々の張力は変えられるであろうが，張力の和は変えられないであろうからである．

b) ガルヴァーニ電流の強さは，以下の場合でも同じになる．すなわち，回路の1つの部分をはずし，その場所へ別な角柱状の導体を入れたとしても，これら2つの部分が同じ換算長を持ち，これら2つの場合において，張力が同じになっている場合である．逆に，回路の電流が，回路の1つの部分を他の角柱状導体と交換することによって変わらず，張力の和が同じになっていることが確かめられたならば，2つの互いに交換された導体の換算長は等しい．

c) ガルヴァーニ回路が常に部分の数も，その材質も，さらにその順番も同じ部分から成っているとすると，そのことによって個々

の張力が不変であると見なされるので，回路の電流は，部分の長さが不変ならば，回路のすべての部分の横断面積が一様に増加するのと同一の比で増加し，横断面積が不変なら，すべての回路の長さが一様に減少するのと同一の比で増加する．もし，回路の1つの部分の換算長が，他の部分の換算長より遙かに大きいならば，電流の大きさは，特に，その1つの部分の大きさ〔換算長〕に依存し，もし，この比較において，この1つの部分だけを考慮するならば，ここで述べられた法則は，ずっと簡単な形になる．

このⅡb）で提出された結論は，異なる物体の伝導率の決定に対して，容易な方法を提示する．つまり，2つの角柱状物体を考え，それらの長さを$l$，$l'$，横断面積をそれぞれ$\omega$，$\omega'$，そして伝導率を$\chi$，$\chi'$とする．そして，もし，その2つの物体が交互に回路の1つの部分を形成し〔交互に回路に挿入し〕，2つの物体が回路の個々の張力を変えさせない時に，これら2つの物体がガルヴァーニ回路の電流を変えない特性を持つならば，

$$l/\chi\omega = l'/\chi'\omega'$$

したがって，

$$\chi : \chi' = l/\omega : l'/\omega'$$

それゆえ，2つの物体の伝導率は，単にそれらの長さと横断面積の逆数との比になる．この関係が，異なる物体の伝導率を決定するために使われ，大きな正確さを必要とすることであるが，横断面積が等しい角柱状物体を，実験のために選ぶなら，その物体の長さは，まさしくその相対的伝導率を知らせる．

25）我々は先のNo.で，電流の大きさを，No.18で得た普遍方程式
$$u = (A/L)y - O + c$$
から導き，電流の大きさが$y$についている係数$A/L$で表されることを見いだした．この値$A/L$を知るには，一般的に回路のすべての個々の部分とそれら相互の張力の正確な知識を必要とする．しかし，我々

の普遍方程式は，その値を働いている回路の個々の部分の性質から推定する方法を示す．そして，このことを我々は避けるつもりはない．なぜならば，以下において役に立つからである．すなわち，前記の方程式において，$y$ が任意の大きさ $\Delta y$ だけ増加すると考え，$O$ に相応する変化を $\Delta O$ で，$u$ に相応する変化を $\Delta u$ で表すと，先の方程式から，以下のようになる．

$$\Delta u = (A/L)\Delta y - \Delta O$$

そして，この式から，以下のことが分かる．

$$A/L = (\Delta u + \Delta O)/\Delta y$$

それゆえ，以下のようにすると電流の大きさが分かる．回路のある2点での検電器力の差に，これらの2点間にあるすべての張力の和を加え，その和を，同じ2点間にある回路の部分の換算長で割る．回路のこの部分に張力がなければ，$\Delta O=0$ となり，以下のようになる．

$$A/L = \Delta u/\Delta y$$

26) 多くの互いに等しい単一回路〔1つの電堆かなら成る回路〕から組み立てられたヴォルタ電堆は，それに種々多様な実験結果が結びつくので，それだけでもすでに，ここでさらなる特別な考察に値する．

$A$ を閉じたガルヴァーニ回路の張力の和とし，$L$ を回路の換算長とすれば，ご存じのようにその電流の大きさは，

$$\frac{A}{L}$$

さて，$n$ を先のまったく等しい開いた回路〔単一回路の数〕とし，常に1つの回路の終わりを，次の回路の始めに直接接続するが，2つの回路の間に新しい張力が現れないようにし，以前の張力のすべてが以前のままであるようにするならば，この閉じたヴォルタ式接続〔直列接続〕における電流の大きさは，明らかに $\frac{nA}{nL}$ であり，結局，それは単一回路の電流 $\left[\frac{A}{L}\right]$ に等しい．

しかし，以下の場合には，この電流の同一性はもはやなくなる．例

えば，2つの回路の中に，我々が**挿入導体（Zwischenleiter）**と名づけようと思う新しい導体を組み入れる場合である．すなわち，この挿入導体の換算長を$\Lambda$と表すと，もし，この導体によって，新しい張力を引き起こさないならば，単一回路での電流の大きさは，

$$\frac{A}{L+\Lambda}$$

そして，このような要素$n$個から成るヴォルタ式組立物の中では，

$$\frac{nA}{nL+\Lambda} \quad \text{または} \quad \frac{A}{L+\Lambda/n}$$

したがって，後の回路の中の〔電流の〕方が，前の回路の中での〔電流〕より，常に大きいし，その上，$\Lambda$が消滅した時〔$\Lambda=0$〕に現れる作用の同一性〔電流が同じになる場合〕から，もし，$\Lambda$が$nL$に比べて非常に大きい時〔$L=0$〕に，ヴォルタ式接続が単一回路〔$A/\Lambda$〕の$n$倍の作用〔$nA/\Lambda$〕になる状態が現れるまでの，漸次的変化が存在する．回路が，その流れの力によって，作用を及ぼすべき物体の換算長〔原文のrelative Längeは間違い〕を$\Lambda$とすると，今ほど述べた注釈から，もし，$\Lambda$が$L$に比べて非常に小さい場合〔$\Lambda=0$〕には，力強い単一回路が最も有効に利用されることになる〔$A/L$〕．それとは反対に，もし，$\Lambda$が$L$に比べて非常に大きい場合〔$L=0$〕には，ヴォルタ電堆が最も有効に利用されることになる〔$nA/\Lambda$〕．

　しかし，最大の効果をもたらすためには，おのおののケースにおいて，与えられたガルヴァーニ装置をどのようにして組み立てられるべきなのだろうか？　我々は，この課題の解決に際して，以下のように仮定する．〔1つ目の仮定は〕決まった面積，例えば，銅〔板〕と亜鉛〔板〕の決まった面積を持ち，そこから随意に，非常に大きい〔金属〕板対，または，任意の数で同一の比〔面積〕でより小さな〔金属〕板対を作ることができるとする．そして，さらに〔2番目の仮定は〕，2つの金属の間にある液体は，常に，同一のもので，同一の長さであるとする．この後者の仮定は，2つの金属は，その間には液体がある

が，どのような状況においても互いに間隔を同一に保つと言うこと以外の何ものでもない．

　Λは電流が作用を及ぼす物体の換算長，Lは装置が単一回路へと組み込まれる時のその装置の換算長〔上述の非常に大きい金属板対の場合〕，Aはその装置の張力ならば，装置がヴォルタ式接続〔直列接続〕において，$x$ 要素から作られている時には〔上述のより小さな金属板対の場合〕，その目下の張力は $xA$ で，目下の要素の各換算長は $xL$ 〔極板の表面積が $1/x$ になるので換算長が $x$ 倍になるから〕，それゆえ，$x$ 要素すべての換算長は $x^2L$，したがって，$x$ 要素から成るヴォルタ式組立物における作用の強さ〔電流〕は，

$$\frac{xA}{x^2L+\Lambda}$$

この式は，〔$x$ で微分して〕$x=\sqrt{\Lambda/L}$ の時に最大値 $\dfrac{A}{2\sqrt{\Lambda\cdot L}}$ を持つ．このことから，Λが $L$ より大きくない〔小さい〕限り〔この場合 $x<1$〕，単一回路の形の装置〔$x=1$〕が最も有効であることが分かる．反対に，Λが $L$ より大きい時は〔この場合 $x>1$〕，ヴォルタ式組み立て物が有効であり，さらに，Λが $L$ の4倍大きい場合は〔$x=\sqrt{4}=2$〕2要素から組み立てられている時に最も有効になり，Λが $L$ の9倍大きい場合は〔$x=\sqrt{9}=3$〕3要素から組み立てられている時に最も有効になるなどである．

　27）電流の大きさが，回路のすべての点で，常に同じである状況は，その作用をいく倍にもする方法を提供する．それは，電流が作用を外部へ向ける時で，磁針の方向に電流が影響を与えるもとで〔作用がいく倍にもなる〕この場合が起こるからである．明確にするために以下のことを決める．磁針に与える電流の影響を試験するために，そのたび毎に，回路の一部を決めた半径の輪に変形し，磁気子午線〔磁針の南北方向〕に沿って，その輪の中心を磁針の回転の支点に合わせるようにして置く．回路からまったく同じ方法で作られ，互いに隔て

られた多くのそのような輪を別々にとると，各輪での電流の同一性のゆえに，磁針に等しい力の作用が生じる．それゆえ，その輪を不導体の外膜で絶縁し隣同士で並べ〔コイル状に重ねる〕，しかも，磁針に対してそれぞれの配置が同一であると見なすことができるように，密接して一緒に置くと考える．しからば，それ〔コイル状のもの〕は，その輪の数が増えるのに応じて，磁針により大きな作用をもたらす．そのような装置は，**倍率器（Multiplikator）**〔初期の電流計〕と呼ばれる．

さて，$A$をある回路の張力の和，$L$をその回路の換算長とし，さらに，$\Lambda$を$n$巻きから成る倍率器に変形された挿入導体の換算長とすれば，この1巻きの換算長を$\lambda$と表すと，$\Lambda = n\lambda$であり，磁針に及ぼす倍率器の作用は，値

$$\frac{nA}{L+n\lambda}$$

に比例する〔電流の$n$倍の作用に比例する〕．倍率器がない回路の1巻きの作用は，同一の尺度で〔作用の大きさを測る尺度〕

$$\frac{A}{L}$$

である〔に比例する〕．ここでは，回路の部分から輪がとられ，倍率器のようにまったく同じ性質の回路の部分を考えるとする．そこで，先の作用とこの作用との差は，〔上の2式を引く〕

$$\frac{nL-(L+n\lambda)}{L+n\lambda}\frac{A}{L}$$

これは，$nL$が$L+n\lambda$より大きいか小さいかに応じて，正か負になる．それゆえ，$n$巻きの倍率器によって，磁針に及ばされる作用は，挿入導体がない回路の換算長の$n$倍〔$nL$〕が，挿入導体がある回路の全換算長〔$L+n\lambda$〕より大きいか小さいかに応じて，強められるか弱められるかする．

$n\lambda$が$L$より非常に大きければ，磁針に及ぼす倍率器の作用は，

〔P.190 の 1 番目の式より〕

$$\frac{A}{\lambda}$$

この値は，倍率器による作用の極限を示すのであり，そして，この倍率器は〔作用を〕強めるようにまたは弱めるように働くのであるが，多くの特異な特性をもつ．この特性を手短に示唆しようと思う．その際に，以下のことを常に仮定する．倍率器は，その作用の大きさが目に付くほどの誤差はなく，その限界値に等しいと置けるほどに，非常に多くの巻き数で形成されているとする〔つまり $n\lambda \gg L$ の場合〕．

回路の 1 巻きの作用は，$\frac{A}{L}$ であり，一方，倍率器を同一の回路につないだ作用は $\frac{A}{\lambda}$〔限界作用を考えている〕であるので，この両方の作用は，換算長 $\lambda$ と $L$ に互いに比例することが分かる．したがって，両方の作用と両方のうちの 1 つの換算長が分かれば，もう一方の換算長も分かるし，同様に，一方の作用と両方の換算長とから，他方の作用も分かる．

倍率器の限界〔最大〕作用は，$\frac{A}{\lambda}$ であるので，その限界作用は，$\lambda$ が不変の時には，回路の張力の和が増加するのと同一の比で大きくなる．それゆえ，異なる回路での同一の倍率器の限界作用を比較することによって，それらの回路の相対的張力を決定することができる．同時に，以下のことも分かる．もし，多くの単一回路が，ヴォルタ式接続〔直列〕で集められるならば，倍率器の限界作用は大きくなり，さらに，すべての要素の数の比にちょうど従って大きくなる〔正比例する〕．このような仕方によって，単一回路に接続した倍率器が，〔作用を〕弱めるように働く場合には，倍率器〔の作用〕をいかようにも大きくする事ができる．

倍率器の 1 巻きの実際の長さを $\ell$ とし，その伝導率を $\chi$，横断面積を $\omega$ とすると，〔その換算長は〕$\lambda = \ell/(\chi\omega)$ であり，それゆえ，倍率器の限界作用〔$A/\lambda$〕は，

$$\chi\omega \cdot (A/\ell)$$

この式から，以下のことが分かる．同一の回路において，巻き数が同じ 2 つの倍率器の限界作用は，それらの伝導率と横断面積との積に，互いに比例する．それゆえ，これらの限界作用は，2 つの倍率器が異なる金属からできていること以外は，何も異なっていない場合には〔伝導率は異なるが，横断面積は同じ場合〕，それらの金属の伝導率に比例する．そして，もし 2 つの倍率器が同じ巻き数で，同じ金属からできている場合には〔伝導率が同じ場合〕，それらの限界作用は，それらの横断面積に比例する．

しかしながら，すべてのこれらの測定は，以下の仮定にその基礎を置いている．すなわち，回路の一部が磁針に及ぼす作用は，他が同じ状況下では，電流の大きさに比例するであろうということである．そして，この仮定の正当性を直接実験がすでに以前に証明していた．

p.194　28) さて，いくつかの同時に存在している導体の考察に移る．開いた回路を考える．その分岐された両端は，多くの横に並んでいる導体によって，互いに接続されているので〔並列接続〕，並んで置かれている個々の導体の中の電流は，どの法則に従って分岐されるのかという質問が投げかけられる．この質問に答えるには，再び直接に No.11 から No.13 に含まれている考察に基づくことができるであろう．しかし，より簡単には，No.25 で発見されたガルヴァーニ回路の特性から，答えが見つかるであろう．ここで，簡単にするために，以下のように仮定する．回路を開くことによって，古い〔以前の〕張力は無効にならないし，さらに，その回路の中に持ち込まれた導体によって，新しい張力も現れないとする．

p.195　$\lambda$, $\lambda'$, $\lambda''$ などを開かれた回路の両端に接続された導体の換算長とし，$\alpha$ を導体が回路の中に持ち込まれたことによって，回路の両端に現れる検電器力の差とすると，仮定から，導体によって，新しい張力は現れないので，個々の並列導体（Nebenleiter）の両端にも同一の差が現れる．そこで，No.13 によれば，回路の電流の大きさは，並

列導体のすべての電流の和に等しいはずなので，回路を，並列導体が存在する多くの部分に分岐されたと考えることができる．なぜなら，No.25 により，個々の並列導体の中やその並列導体に相応した回路の部分の電流の大きさは，それぞれ，

$$\frac{\alpha}{\lambda},\ \frac{\alpha}{\lambda'},\ \frac{\alpha}{\lambda''},\ \text{など}$$

であるからである．このことから，すぐに以下のことが分かる．個々の並列導体の中の電流の大きさは，それらの換算長に反比例するということである．ここで，すべての並列導体のかわりに回路に持ち込まれ，その回路の電流をまったく変えないような性質を持つ1つの導体を考えると，まずは No.25 により，$\alpha$ は同一の値を維持するであろうし，そして，$\Lambda$ をこの導体の換算長とすれば，さらに以下のようになるに違いない．

$$1/\Lambda = 1/\lambda + 1/\lambda' + 1/\lambda'' + \cdots$$

前述の説明から，以下の結論が導ける．もし，$A$ をすべての張力の和，$L$ を並列導体がない回路の全換算長とすれば，電流の大きさは，並列導体が回路に〔直列に〕接続している間は，以下のように表される．回路自体には〔流れる電流は〕

$$\frac{A}{L+\Lambda}$$

換算長が $\lambda$ である並列導体〔の部分〕には

$$\frac{A}{L+\Lambda}\ \frac{\Lambda}{\lambda}$$

換算長が $\lambda'$ である並列導体〔の部分〕には

$$\frac{A}{L+\Lambda}\ \frac{\Lambda}{\lambda'}$$

換算長が $\lambda''$ である並列導体〔の部分〕には

$$\frac{A}{L+\Lambda}\ \frac{\Lambda}{\lambda''}$$

以下同様．ここで，$\Lambda$ は方程式
$$1/\Lambda = 1/\lambda + 1/\lambda' + 1/\lambda'' + \cdots$$
から得られる値となる．

29) 前記のようにガルヴァーニ電流は，回路のすべての場所で同じ大きさであったことは，方程式
$$u = \frac{A}{L} y - O + c$$
から導かれた $du/dx$ の値が定数であったことによる〔電流 $S = \chi \omega \, du/dx$ より〕．この状態は，もし，No.22 と No.23 で与えられた1つの方程式に基づくなら，成立しなくなる．このような場合においては，$du/dx$ は $x$ に依存し，このことから以下のことが分かる．電流の大きさは，回路の異なる場所で異なるということである．このことから，以下の結論が導ける．電流は，回路がすでに定常状態になっており，回路に空気の感知されうる作用がない時に限って，回路のすべての場所で同じ強さである．また，この特性は，空気がガルヴァーニ回路に顕著な影響を及ぼすかどうか，経験〔実験〕によって調べるために最も適していると思われる．それゆえ，この場合をさらにいくらか詳細に調べようと思う．

No.12 によれば，電流の大きさは，方程式
$$S = \chi \omega \cdot du/dx$$
によって与えられるので，それぞれの個別の場合について $du/dx$ の値を，検電器力を決定するために見いだされた方程式から得られなければならないし，その値を，先の方程式〔$S$ の式〕に代入すべきである．回路が定常状態になっていて，回路に周囲の空気が感知されうる影響を及ぼしている回路に対しては，No.22 により
$$u = \frac{1}{2} a \frac{e^{\beta x} - e^{-\beta x}}{e^{\beta \ell} - e^{-\beta \ell}} + \frac{1}{2} b \frac{e^{\beta x} + e^{-\beta x}}{e^{\beta \ell} + e^{-\beta \ell}}$$
となる．ここで，$a$ は励起点での張力，$b$ は励起点のすぐ近くのこち

ら側とあちら側に存在する検電器力の和とする．この式から〔$u$ の式を $S$ の式に代入して〕，次式を得る．

$$S = \chi\omega\beta\left(\frac{1}{2}a\frac{e^{\beta x}+e^{-\beta x}}{e^{\beta\ell}-e^{-\beta\ell}}+\frac{1}{2}b\frac{e^{\beta x}-e^{-\beta x}}{e^{\beta\ell}+e^{-\beta\ell}}\right)$$

この式は，回路の各点での電流の大きさを与える．しかし，回路の異なる場所での電流の変化が従うこの法則を，より容易に，以下の方法で，はっきりさせることができる．すなわち，方程式

$$S = \chi\omega \cdot du/dx$$

を微分すると，次の方程式を得る．

$$dS = \chi\omega(d^2u/dx^2)dx$$

そして，〔上の〕2つの方程式をかけると，

$$SdS = \chi^2\omega^2(d^2u/dx^2)du$$

$d^2u/dx^2$ の代わりに，方程式 $0 = d^2u/dx^2 - \beta^2 u$〔p.166 の式〕から得られるように，その値 $\beta^2 u$ を代入すると，

$$SdS = \chi^2\omega^2\beta^2 u du$$

となり，これを積分することによって，次式を得る．

$$S^2 = c^2 + \chi^2\omega^2\beta^2 u^2$$

ここで，$c$ は決定すべき定数とする．$u'$ を $u$ が回路の範囲で採る最小の絶対値を，$S'$ で〔$u'$ に〕対応した $S$ の値を表すとし，そして，それに応じて定数 $c$ を決めると，以下のようになる．

$$S^2 - S'^2 = \chi^2\omega^2\beta^2(u^2 - u'^2)$$ 〔最小値を基準とした相対値を表す〕

この方程式から容易に以下のことが推論できる．空気が影響を与える回路の電流は，検電器力が符号を考慮せず最小の時に，最も弱くなる．そして，電流は，同じ〔大きさ〕だが反対の〔符号の〕検電器力を持つ場所では，同じ大きさである〔$u^2 = u'^2$ の時，$S^2 - S'^2 = 0$，すなわち $S = S'$〕．

**原著注**

1) ポアソンは「Mémoire sur la Distribution de la Chaleur（熱の伝播に関する研究報告），Jurn. De l'école Polytech. Cah. XIX」でこの件に関して以下のように表現した．「角柱を，軸に垂直に，無限な数の無限に小さな要素に分け，その連続する三つの要素の相互作用を考える．つまり仲介する要素が伝達し，それらの各々との温度の差が正か負かに比例して単位時間当たりに他の二つから奪う熱の量を考える時，無限に短い時間でのその要素の温度の増加は，簡単に推測できる．時間による温度の微分の量に従って，角柱の長さに沿う熱の移動の方程式を決定できる．しかし，問題のより注意深い検討で，二つの無限に小さく不均質な量の比較の上にこの等式が成り立っていることはすぐに分かる．いいかえれば，これは微分計算の基本原理に反している．この問題の解決には，ラプラスが最初に指摘した（Mémoire de la première classe de l'Institut année 1809）ように以下のように考えるほか無い．つまり，角柱の各要素の活動はその接触を超えて広がり，考えうるかぎり小さな空間に含まれるすべての要素におよぶ」．

2) Siehe Journal de l, Ecole polytechn. cah. XIX. pag. 53

※補遺は割愛

# あとがき
── 電圧概念を正しく教えるために ──

　私はもともと以下の問題意識から，電圧概念の形成過程を調べ始めた．それは「電流計は回路に直列につなぐのに，電圧計はなぜ並列につなぐのか？　このことを中学生に納得するように教えるのにはどのようにしたらよいのか？」である．今まで調べたことから考えると，電圧の指導は，やはり静電気の学習からつなげていくのが妥当だと考えられる．現行の学習指導要領では，静電気の学習から始まっている．このことは歴史的見地からしても望ましいことである．しかし，そこで行われている静電気で蛍光灯を光らせるなどの実験は電流につながるものの，電圧につながる実験がない（教科書では，電圧を高低差のアナロジーで説明があるものの，そのことを実験で示してはいない）．そこで，さらに以下のような実験なども行えば，電位の存在が箔の開きで目で見ることができ，電位差（電圧）も理解できるようになるものと思われる．すなわち，「概要」で述べた電圧概念の形成過程の順番を参考にすると，まず，静電気で箔検電器の箔が開く実験をする（静電気的な力（強さ）のようなものが電気を動かして電流を流すことをイメージできる．まさに，この箔の開きが検電器力＝電位の測度である）．同様に，高圧電源の電極近くでも箔が開くことを提示する（静電気は高電圧であることに気づく）．次に，乾電池でもコンデンサートルを利用すれば箔が開くことを提示する（力は弱いが，同様に静電気的な強さがあることに気づく）．最後に，解説者が行ったコールラウッシュの実験の再現実験のように，回路各点での検電器分布の測定を行う（その分布が一様に（比例的に）分布していることが分かり，電気的な坂（高低差）がイメージできる）．そして，その力（強さ）の差が一定であることに気付けば，電位差（電

圧）のイメージがとらえられ，電圧計を回路に並列につなぐ意味（回路の2点間の電位の差を測るため）が分かるものと思われる．このことを理解した上で，電圧計を導入していくのが望ましいと考える．これで，中学校理科で行われている静電気の実験から電気回路の電流や電圧への移行がスムースに行くのではないだろうか．

　なお，解説者は，このような指導過程で中学生に対して授業を試みた．すなわち，実際に，回路に電気的な高低差があることをコンデンサトールを使った実験で見せた．結果，電位は感覚的に理解できたようだが（生徒は静電気の強さのようなものと表現していた），回路での検電器力分布からこの差が電圧と気づくまでには至らなかった．もし，良いアイデアがあったら教えて欲しい．なお，箔検電器やコンデンサトールの原理については，静電容量の概念がない中学生には理解不能であるため何も説明しなかったが，生徒は不思議に思っていたようだ．

2007年7月

解説者

■訳・解説者紹介

三星　孝輝　（みつぼし　こうき）

新潟市立黒崎中学校教諭
徳島科学史研究会会員
日本科学史学会会員
大学卒業後から現在まで，科学史の教材化に取り組む．

オームの論文でたどる電圧概念の形成過程
―理科教師や理工系学生のために―

2007 年 10 月 10 日　初版第 1 刷発行

■著　　　者──G. S. オーム
■訳・解説者──三星孝輝
■発　行　者──佐藤　守
■発　行　所──株式会社 大学教育出版
　　　　　　　〒700-0953 岡山市西市 855-4
　　　　　　　電話（086）244-1268　FAX（086）246-0294
■印 刷 製 本──モリモト印刷㈱
■装　　丁──原　美穂

Ⓒ Georg Simon Ohm, Koki Mitsuboshi 2007, Printed in Japan
検印省略　　落丁・乱丁本はお取り替えいたします．
無断で本書の一部または全部を複写・複製することは禁じられています．
ISBN978-4-88730-800-8